아이가 주인공인 책

아이는 스스로 생각하고 성장합니다.
아이를 존중하고 가능성을 믿을 때
새로운 문제들을 스스로 해결해 나갈 수 있습니다.

<기적의 학습서>는 아이가 주인공인 책입니다.
탄탄한 실력을 만드는 체계적인 학습법으로
아이의 공부 자신감을 높여줍니다.

가능성과 꿈을 응원해 주세요.
아이가 주인공인 분위기를 만들어 주고,
작은 노력과 땀방울에 큰 박수를 보내 주세요.
<기적의 학습서>가 자녀교육에 힘이 되겠습니다.

기적의 계산법 8권

나만의 학습 기록표

책상 위에, 냉장고에, 어디든 내 손이 닿는 곳에 붙여 두세요.

매일매일 공부하면서 걸린 시간과 맞은 개수를 기록하면

어제보다, 지난주보다, 지난달보다 한 뼘 자란 내 실력을 알 수 있어요.

길벗스쿨

※80단계는 매일 다른 내용으로 공부해요. 시간을 재는 것보다 방정식에 익숙해지는 연습을 하세요.

이름

_____ 의 학습 다짐

기적의 계산법을 언제 어떻게 공부할지
스스로 약속하고 실천해요!

1 나는 하루에
기적의 계산법  **얼마나?** 장을 풀 거야.

내가 지킬 수 있는 공부량을 스스로 정해보세요. 하루에 한 장을
풀면 좋지만, 빨리 책 한 권을 끝내고 싶다면 2장씩 풀어도 좋아요.

2 나는 매일
언제?
_____ 에 공부할 거야.

아침 먹고 학교 가기 전이나 저녁 먹은 후에 해도 좋고, 학원 가기
전도 좋아요. 되도록 같은 시간에, 스스로 정한 양을 풀어 보세요.

3 딴짓은 No!
연산에만 딱 집중할 거야.

과자 먹으면서? No! 엄마와 얘기하면서? No!
한 장을 집중해서 풀면 30분도 안 걸려요. 책상에 바르게 앉아
오늘 풀어야 할 목표량을 해치우세요.

4 문제 하나하나 바르게 풀 거야.

느리더라도 자신의 속도대로 정확하게 푸는 것이 중요해요.
처음부터 암산하지 말고, 자연스럽게 암산이 가능할 때까지
훈련하면 문제를 푸는 시간은 저절로 줄어들어요.

71단계	공부한 날짜	A	평 걸린
1일차	/		분
2일차	/		분
3일차	/		분
4일차	/		분
5일차	/		분

72단계	공부한 날짜	A	평 걸린
1일차	/		분
2일차	/		분
3일차	/		분
4일차	/		분
5일차	/		분

73단계	공부한 날짜	A	걸린
1일차	/		분
2일차	/		분
3일차	/		분
4일차	/		분
5일차	/		분

74단계	공부한 날짜	A	평 걸린
1일차	/		분
2일차	/		분
3일차	/		분
4일차	/		분
5일차	/		분

75단계	공부한 날짜	A	평 걸린
1일차	/		분
2일차	/		분
3일차	/		분
4일차	/		분
5일차	/		분

기적의 계산법

초등 4학년

8권

기적의 계산법 · 8권

초판 발행 2021년 12월 20일
초판 8쇄 2024년 3월 6일

지은이 기적학습연구소
발행인 이종원
발행처 길벗스쿨
출판사 등록일 2006년 7월 1일
주소 서울시 마포구 월드컵로 10길 56(서교동)
대표 전화 02)332-0931 | **팩스** 02)333-5409
홈페이지 school.gilbut.co.kr | **이메일** gilbut@gilbut.co.kr

기획 이선정(dinga@gilbut.co.kr) | **편집진행** 홍현경, 이선정
제작 이준호, 손일순, 이진혁 | **영업마케팅** 문세연, 박선경, 박다슬 | **웹마케팅** 박달님, 이재윤
영업관리 김명자, 정경화 | **독자지원** 전희수
디자인 정보라 | **표지 일러스트** 김다예 | **본문 일러스트** 김지하
전산편집 글사랑 | **CTP 출력·인쇄·제본** 예림인쇄

ISBN 979-11-6406-405-2 64410
(길벗 도서번호 10816)

정가 9,000원

독자의 1초를 아껴주는 정성 길벗출판사

길벗스쿨 | 국어학습서, 수학학습서, 유아학습서, 어학학습서, 어린이교양서, 교과서 school.gilbut.co.kr
길벗 | IT실용서, IT/일반 수험서, IT전문서, 경제실용서, 취미실용서, 건강실용서, 자녀교육서 www.gilbut.co.kr
더퀘스트 | 인문교양서, 비즈니스서
길벗이지톡 | 어학단행본, 어학수험서

연산, 왜 해야 하나요?

"계산은 계산기가 하면 되지,

　다 아는데 이 지겨운 걸 계속 풀어야 해?"

아이들은 자주 이렇게 말해요. 연산 훈련, 꼭 시켜야 할까요?

1. 초등수학의 80%, 연산

초등수학의 5개 영역 중에서 가장 많은 부분을 차지하는 것이 바로 수와 연산입니다. 절반 정도를 차지하고 있어요.

그런데 곰곰이 생각해 보면 도형, 측정 영역에서 길이의 덧셈과 뺄셈, 시간의 합과 차, 도형의 둘레와 넓이처럼

다른 영역의 문제를 풀 때도 마지막에는 연산 과정이 있죠.

이때 연산이 충분히 훈련되지 않으면 문제를 끝까지 해결하기 어려워집니다.

초등학교 수학의 핵심은 연산입니다. 연산을 잘하면 수학이 재미있어지고 점점 자신감이 붙어서 수학을 잘할 수 있어요.

연산 훈련으로 아이의 '수학자신감'을 키워주세요.

2. 아깝게 틀리는 이유, 계산 실수 때문에!
시험 시간이 부족한 이유, 계산이 느려서!

1, 2학년의 연산은 눈으로도 풀 수 있는 문제가 많아요. 하지만 고학년이 될수록 연산은 점점 복잡해지고,

한 문제를 풀기 위해 거쳐야 하는 연산 횟수도 훨씬 많아집니다. 중간에 한 번만 실수해도 문제를 틀리게 되죠.

아이가 작은 연산 실수로 문제를 틀리는 것만큼 안타까울 때가 또 있을까요?

어려운 글도 잘 이해했고, 식도 잘 세웠는데 아주 작은 실수로 문제를 틀리면 엄마도 속상하고, 아이는 더 속상하죠.

게다가 고학년일수록 수학이 더 어려워지기 때문에 계산하는 데 시간이 오래 걸리면 정작 문제를 풀 시간이 부족하고,

급한 마음에 실수도 종종 생깁니다.

가볍게 생각하고 그대로 방치하면 중·고등학생이 되었을 때 이 부분이 수학 공부에 치명적인 약점이 될 수 있어요.

공부할 내용은 늘고 시험 시간은 줄어드는데, 절차가 많고 복잡한 문제를 해결할 시간까지 모자랄 수 있으니까요.

연산은 쉽더라도 정확하게 푸는 반복 훈련이 꼭 필요해요. 처음 배울 때부터 차근차근 실력을 다져야 합니다.

처음에는 느릴 수 있어요. 이제 막 배운 내용이거나 어려운 연산은 손에 익히는 데까지 시간이 필요하지만,

정확하게 푸는 연습을 꾸준히 하면 문제를 푸는 속도는 자연스럽게 빨라집니다.

꾸준한 반복 학습으로 연산의 '정확성'과 '속도' 두 마리 토끼를 모두 잡으세요.

연산, 이렇게 공부하세요.

연산을 왜 해야 하는지는 알겠는데, 어떻게 시작해야 할지 고민되시나요?
연산 훈련을 위한 다섯 가지 방법을 알려 드릴게요.

1 매일 같은 시간, 같은 양을 학습하세요.

공부 습관을 만들 때는 학습 부담을 줄이고 최소한의 시간으로 작게 목표를 잡아서 지금 할 수 있는 것부터 시작하는 것이 좋습니다. 이때 제격인 것이 바로 연산 훈련입니다. '얼마나 많은 양을 공부하는가'보다 '얼마나 꾸준히 했느냐'가 연산 능력을 키우는 가장 중요한 열쇠거든요.

매일 같은 시간, 하루에 10분씩 가벼운 마음으로 연산 문제를 풀어 보세요. 등교 전이나 하교 후, 저녁 먹은 후에 해도 좋아요. 학교 쉬는 시간에 풀 수 있게 책가방 안에 한 장 쏙 넣어줄 수도 있죠. 중요한 것은 매일, 같은 시간, 같은 양으로 아이만의 공부 루틴을 만드는 것입니다. 메인 학습 전에 워밍업으로 활용하면 짧은 시간 몰입하는 집중력이 강화되어 공부 부스터의 역할을 할 수도 있어요.

아이가 자라고, 점점 공부할 양이 늘어나면 가장 중요한 것이 바로 매일 공부하는 습관을 만드는 일입니다. 어릴 때부터 계획하고 실행하는 습관을 만들면 작은 성취감과 자신감이 쌓이면서 다른 일도 해낼 수 있는 내공이 생겨요.

토독, 한 장씩 가볍게!

한 장과 한 권은 아이가 체감하는
부담이 달라요. 학습량에 대한
부담감이 줄어들면 아이의 공부 습관을
더 쉽게 만들 수 있어요.

2 반복 학습으로 '정확성'부터 '속도'까지 모두 잡아요.

피아노 연주를 배운다고 생각해 보세요. 처음부터 한 곡을 아름답게 연주할 수 있나요? 악보를 읽고, 건반을 하나하나 누르는 게 가능해도 각 음을 박자에 맞춰 정확하고 리듬감 있게 멜로디로 연주하려면 여러 번 반복해서 연습하는 과정이 꼭 필요합니다. 수학도 똑같아요. 개념을 알고 문제를 이해할 수 있어도 계산은 꼭 반복해서 훈련해야 합니다. 수나 식을 계산하는 데 시간이 걸리면 문제를 풀 시간이 모자라게 되고, 어려운 풀이 과정을 다 세워놓고도 마지막 단순 계산에서 실수를 하게 될 수도 있어요. 계산 방법을 몰라서 틀리는 게 아니라 절차 수행이 능숙하지 않아서 오작동을 일으키거나 시간이 오래 걸리는 거랍니다. 꾸준하게 같은 난이도의 문제를 충분히 반복하면 실수가 줄어들고, 점점 빠르게 계산할 수 있어요. 정확성과 속도를 높이는 데 중점을 두고 연산 훈련을 해서 수학의 기초를 튼튼하게 다지세요.

One Day 반복 설계

하루 1장, 2가지 유형
동일 난이도로 5일 반복

×5

3 반복은 아이 성향과 상황에 맞게 조절하세요.

연산 학습에 반복은 꼭 필요하지만, 아이가 지치고 수학을 싫어하게 만들 정도라면 반복하는 루틴을 조절해 보세요. 아이가 충분히 잘 알고 잘하는 주제라면 반복의 양을 줄일 수도 있고, 매일이 너무 바쁘다면 3일은 연산, 2일은 독해로 과목을 다르게 공부할 수도 있어요. 다만 남은 일차는 계산 실수가 잦을 때 다시 풀어보기로 아이와 약속해 두는 것이 좋아요.

아이의 성향과 현재 상황을 잘 살펴서 융통성 있게 반복하는 '내 아이 맞춤 패턴'을 만들어 보세요.

계산법 맞춤 패턴 만들기

1. 단계별로 3일치만 풀기
3일씩만 풀고, 남은 2일치는 시험 대비나 복습용으로 쓰세요.

2. 2단계씩 묶어서 반복하기
1, 2단계를 3일치씩 풀고 다시 1단계로 돌아가 남은 2일치를 풀어요. 교차학습은 지식을 좀더 오래 기억할 수 있도록 하죠.

4 응용 문제를 풀 때 필요한 연산까지 연습하세요.

연산 훈련을 충분히 하더라도 실제로 학교 시험에 나오는 문제를 보면 당황할 수 있어요. 아이들은 문제의 꼴이 조금만 달라져도 지레 겁을 냅니다.

특히 모르는 수를 □로 놓고 식을 세워야 하는 문장제가 학교 시험에 나오면 아이들은 당황하기 시작하죠. 아이 입장에서 기초 연산으로 해결할 수 없는 □ 자체가 낯설고 어떻게 풀어야 할지 고민될 수 있습니다.

이럴 때는 식 4+□=7을 7-4=□로 바꾸는 것에 익숙해지는 연습해 보세요. 학교에서 알려주지 않지만 응용 문제에는 꼭 필요한 □가 있는 식을 훈련하면 연산에서 응용까지 쉽게 연결할 수 있어요. 스스로 세수를 하고 싶지만 세면대가 너무 높은 아이를 위해 작은 계단을 놓아준다고 생각하세요.

초등 방정식 훈련

초등학생 눈높이에 맞는 □가 있는 식 바꾸기 훈련으로 한 권을 마무리하세요. 문장제처럼 다양한 연산 활용 문제를 푸는 밑바탕을 만들 수 있어요.

5 아이 스스로 계획하고, 실천해서 자기공부력을 쑥쑥 키워요.

백 명의 아이들은 제각기 백 가지 색깔을 지니고 있어요. 아이가 승부욕이 있다면 시간 재기를, 계획 세우는 것을 좋아한다면 스스로 약속을 할 수 있게 돕는 것도 좋아요. 아이와 많은 이야기를 나누면서 공부가 잘되는 시간, 환경, 동기 부여 방법 등을 살펴보고 주도적으로 실천할 수 있는 분위기를 만드는 것이 중요합니다.

아이 스스로 계획하고 실천하면 오늘 약속한 것을 모두 끝냈다는 작은 성취감을 가질 수 있어요. 자기 공부에 대한 책임감도 생깁니다. 자신만의 공부 스타일을 찾고, 주도적으로 실천해야 자기공부력을 키울 수 있어요.

나만의 학습 기록표

잘 보이는 곳에 붙여놓고 주도적으로 실천해요. 어제보다, 지난주보다, 지난달보다 나아진 실력을 보면서 뿌듯함을 느껴보세요!

권별 학습 구성

<기적의 계산법>은 유아 단계부터 초등 6학년까지로 구성된 연산 프로그램 교재입니다.
권별, 단계별 내용을 한눈에 확인하고,
유아부터 초등까지 <기적의 계산법>으로 공부하세요.

• 차례 •

71
단계

대분수를 가분수로,
가분수를 대분수로 나타내기

▶ 학습계획 : 매일 공부할 날짜를 정하고, 계획에 맞게 공부하세요.

일차	1일차	2일차	3일차	4일차	5일차
날짜	/	/	/	/	/

▶ 학습연계 : 지금 무엇을 배우는지 확인하고, 이전에 배운 단계와 앞으로 배울 단계를 살펴보세요.

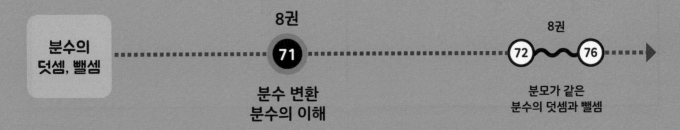

분수의
덧셈, 뺄셈

8권
71
분수 변환
분수의 이해

8권
72 76
분모가 같은
분수의 덧셈과 뺄셈

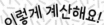

71 대분수를 가분수로, 가분수를 대분수로 나타내기

대분수는 곱셈을 이용해 가분수로, 가분수는 나눗셈을 이용해 대분수로 나타내요.

대분수를 가분수로 나타내기

$2\frac{3}{4}$에서 2는 $\frac{1}{4}$이 $4 \times 2 = 8$(개)이므로 $2\frac{3}{4}$은 $\frac{1}{4}$이 모두 $8 + 3 = 11$(개)가 되어 $\frac{11}{4}$이 됩니다.

$\frac{1}{4}$이 $4 \times 2 = 8$(개) $\frac{1}{4}$이 3개

$2\frac{3}{4}$ ➡ $\frac{1}{4}$이 $4 \times 2 + 3 = 11$(개) ➡ $\frac{11}{4}$

분모 자연수 분자

가분수를 대분수로 나타내기

$\frac{7}{3}$을 $7 \div 3 = 2 \cdots 1$로 나타내면 자연수 부분은 2가 되고 $\frac{1}{3}$이 1개 남으므로 $\frac{7}{3}$은 $2\frac{1}{3}$이 됩니다.

$\frac{7}{3}$ ➡ $7 \div 3 = 2 \cdots 1$ ➡ $2\frac{1}{3}$

분자 분모

$\frac{1}{3}$이 1개

A | **B**

대분수 ➡ 가분수

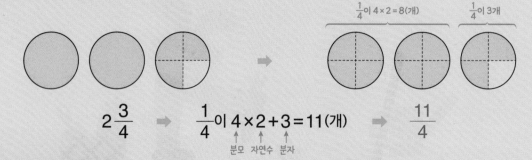

$2\frac{3}{4} = \frac{4 \times 2 + 3}{4} = \frac{11}{4}$

가분수 ➡ 대분수

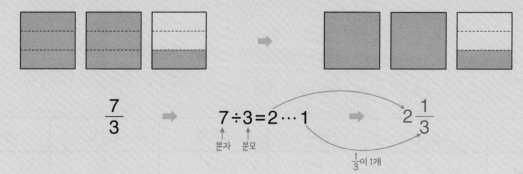

$\frac{7}{3}$ ➡ $7 \div 3 = 2 \cdots 1$

➡ $2\frac{1}{3}$

1 Day

대분수를 가분수로, 가분수를 대분수로 나타내기

A

월   일   /20

★ 대분수 또는 자연수를 가분수로 나타내세요.

① $3\frac{1}{6} = \frac{19}{6}$

② $3\frac{5}{7} =$

③ $2\frac{2}{5} =$

④ $8\frac{2}{9} =$

⑤ $10\frac{1}{2} =$

⑥ $2\frac{2}{13} =$

⑦ $1\frac{11}{15} =$

⑧ $1 = \frac{\boxed{}}{2}$

⑨ $2 = \frac{\boxed{}}{2}$

⑩ $5 = \frac{\boxed{}}{3}$

⑪ $7\frac{3}{8} =$

⑫ $8\frac{7}{9} =$

⑬ $1\frac{3}{4} =$

⑭ $5\frac{1}{8} =$

⑮ $12\frac{2}{3} =$

⑯ $1\frac{7}{18} =$

⑰ $2\frac{10}{11} =$

⑱ $6 = \frac{\boxed{}}{5}$

⑲ $2 = \frac{\boxed{}}{7}$

⑳ $7 = \frac{\boxed{}}{9}$

★ 가분수를 대분수 또는 자연수로 나타내세요.

① $\dfrac{7}{5} = 1\dfrac{2}{5}$

      $7 \div 5 = 1 \cdots 2$

② $\dfrac{11}{2} =$

③ $\dfrac{22}{3} =$

④ $\dfrac{37}{6} =$

⑤ $\dfrac{24}{11} =$

⑥ $\dfrac{31}{15} =$

⑦ $\dfrac{89}{17} =$

⑧ $\dfrac{9}{3} =$

⑨ $\dfrac{72}{9} =$

⑩ $\dfrac{50}{2} =$

⑪ $\dfrac{4}{3} =$

⑫ $\dfrac{35}{4} =$

⑬ $\dfrac{64}{9} =$

⑭ $\dfrac{57}{8} =$

⑮ $\dfrac{63}{10} =$

⑯ $\dfrac{83}{12} =$

⑰ $\dfrac{46}{19} =$

⑱ $\dfrac{45}{5} =$

⑲ $\dfrac{56}{7} =$

⑳ $\dfrac{88}{8} =$

★ 대분수 또는 자연수를 가분수로 나타내세요.

① $8\dfrac{1}{2} = \dfrac{17}{2}$

② $9\dfrac{1}{3} =$

③ $5\dfrac{2}{5} =$

④ $6\dfrac{6}{7} =$

⑤ $10\dfrac{1}{6} =$

⑥ $6\dfrac{8}{15} =$

⑦ $2\dfrac{13}{20} =$

⑧ $4 = \dfrac{\boxed{}}{3}$

⑨ $9 = \dfrac{\boxed{}}{5}$

⑩ $8 = \dfrac{\boxed{}}{4}$

⑪ $2\dfrac{3}{4} =$

⑫ $6\dfrac{5}{6} =$

⑬ $4\dfrac{2}{7} =$

⑭ $7\dfrac{1}{3} =$

⑮ $12\dfrac{4}{5} =$

⑯ $4\dfrac{3}{14} =$

⑰ $1\dfrac{15}{16} =$

⑱ $3 = \dfrac{\boxed{}}{5}$

⑲ $6 = \dfrac{\boxed{}}{6}$

⑳ $5 = \dfrac{\boxed{}}{7}$

2 Day

대분수를 가분수로, 가분수를 대분수로 나타내기

B

월   일   /20

★ 가분수를 대분수 또는 자연수로 나타내세요.

① $\dfrac{9}{7} = 1\dfrac{2}{7}$

    9 ÷ 7 = 1 ··· 2

⑪ $\dfrac{13}{5} =$

② $\dfrac{79}{8} =$

⑫ $\dfrac{59}{6} =$

③ $\dfrac{25}{3} =$

⑬ $\dfrac{17}{4} =$

④ $\dfrac{33}{4} =$

⑭ $\dfrac{16}{9} =$

⑤ $\dfrac{53}{13} =$

⑮ $\dfrac{47}{12} =$

⑥ $\dfrac{46}{15} =$

⑯ $\dfrac{29}{14} =$

⑦ $\dfrac{41}{18} =$

⑰ $\dfrac{84}{17} =$

⑧ $\dfrac{7}{7} =$

⑱ $\dfrac{54}{9} =$

⑨ $\dfrac{24}{6} =$

⑲ $\dfrac{64}{8} =$

⑩ $\dfrac{36}{3} =$

⑳ $\dfrac{39}{13} =$

★ 대분수 또는 자연수를 가분수로 나타내세요.

① $8\frac{4}{5} = \frac{44}{5}$

② $7\frac{3}{4} =$

③ $4\frac{2}{9} =$

④ $7\frac{3}{7} =$

⑤ $11\frac{1}{4} =$

⑥ $5\frac{7}{12} =$

⑦ $2\frac{13}{18} =$

⑧ $7 = \frac{\boxed{}}{3}$

⑨ $2 = \frac{\boxed{}}{6}$

⑩ $8 = \frac{\boxed{}}{2}$

⑪ $3\frac{5}{6} =$

⑫ $7\frac{2}{3} =$

⑬ $6\frac{1}{7} =$

⑭ $9\frac{5}{9} =$

⑮ $16\frac{3}{5} =$

⑯ $3\frac{4}{17} =$

⑰ $4\frac{14}{19} =$

⑱ $4 = \frac{\boxed{}}{8}$

⑲ $5 = \frac{\boxed{}}{4}$

⑳ $6 = \frac{\boxed{}}{10}$

★ 가분수를 대분수 또는 자연수로 나타내세요.

① $\dfrac{9}{8} = 1\dfrac{1}{8}$

      └ $9 \div 8 = 1 \cdots 1$

② $\dfrac{14}{3} =$

③ $\dfrac{43}{5} =$

④ $\dfrac{20}{9} =$

⑤ $\dfrac{23}{18} =$

⑥ $\dfrac{84}{19} =$

⑦ $\dfrac{93}{13} =$

⑧ $\dfrac{8}{2} =$

⑨ $\dfrac{48}{8} =$

⑩ $\dfrac{60}{5} =$

⑪ $\dfrac{8}{5} =$

⑫ $\dfrac{44}{7} =$

⑬ $\dfrac{27}{4} =$

⑭ $\dfrac{29}{3} =$

⑮ $\dfrac{54}{17} =$

⑯ $\dfrac{43}{15} =$

⑰ $\dfrac{77}{20} =$

⑱ $\dfrac{28}{4} =$

⑲ $\dfrac{81}{9} =$

⑳ $\dfrac{110}{11} =$

★ 대분수 또는 자연수를 가분수로 나타내세요.

① $2\frac{1}{3} = \frac{7}{3}$

② $7\frac{5}{8} =$

③ $3\frac{4}{9} =$

④ $9\frac{3}{4} =$

⑤ $14\frac{2}{7} =$

⑥ $3\frac{7}{10} =$

⑦ $6\frac{10}{13} =$

⑧ $7 = \frac{\boxed{}}{5}$

⑨ $9 = \frac{\boxed{}}{8}$

⑩ $13 = \frac{\boxed{}}{3}$

⑪ $5\frac{4}{7} =$

⑫ $4\frac{7}{9} =$

⑬ $8\frac{5}{6} =$

⑭ $5\frac{4}{5} =$

⑮ $12\frac{3}{4} =$

⑯ $5\frac{5}{12} =$

⑰ $4\frac{11}{15} =$

⑱ $1 = \frac{\boxed{}}{6}$

⑲ $4 = \frac{\boxed{}}{4}$

⑳ $10 = \frac{\boxed{}}{2}$

⭐ 가분수를 대분수 또는 자연수로 나타내세요.

① $\dfrac{9}{2} = 4\dfrac{1}{2}$
$\llcorner 9 \div 2 = 4 \cdots 1$

② $\dfrac{37}{4} =$

③ $\dfrac{12}{7} =$

④ $\dfrac{53}{8} =$

⑤ $\dfrac{61}{11} =$

⑥ $\dfrac{52}{15} =$

⑦ $\dfrac{77}{24} =$

⑧ $\dfrac{6}{3} =$

⑨ $\dfrac{75}{5} =$

⑩ $\dfrac{84}{12} =$

⑪ $\dfrac{7}{6} =$

⑫ $\dfrac{14}{9} =$

⑬ $\dfrac{66}{7} =$

⑭ $\dfrac{29}{4} =$

⑮ $\dfrac{45}{14} =$

⑯ $\dfrac{97}{18} =$

⑰ $\dfrac{99}{32} =$

⑱ $\dfrac{35}{7} =$

⑲ $\dfrac{68}{4} =$

⑳ $\dfrac{80}{16} =$

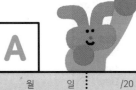

⭐ 대분수 또는 자연수를 가분수로 나타내세요.

① $6\dfrac{2}{3} = \dfrac{20}{3}$

② $2\dfrac{5}{6} =$

③ $7\dfrac{1}{4} =$

④ $5\dfrac{7}{8} =$

⑤ $22\dfrac{1}{2} =$

⑥ $3\dfrac{5}{11} =$

⑦ $4\dfrac{15}{19} =$

⑧ $3 = \dfrac{\boxed{}}{6}$

⑨ $9 = \dfrac{\boxed{}}{7}$

⑩ $5 = \dfrac{\boxed{}}{11}$

⑪ $9\dfrac{1}{9} =$

⑫ $8\dfrac{5}{8} =$

⑬ $7\dfrac{3}{7} =$

⑭ $8\dfrac{2}{5} =$

⑮ $20\dfrac{1}{6} =$

⑯ $2\dfrac{6}{25} =$

⑰ $3\dfrac{11}{12} =$

⑱ $9 = \dfrac{\boxed{}}{9}$

⑲ $6 = \dfrac{\boxed{}}{2}$

⑳ $10 = \dfrac{\boxed{}}{18}$

5
Day

대분수를 가분수로, 가분수를 대분수로 나타내기

B

월   일   /20

★ 가분수를 대분수 또는 자연수로 나타내세요.

① $\dfrac{5}{3} = 1\dfrac{2}{3}$

       $5 \div 3 = 1 \cdots 2$

② $\dfrac{15}{2} =$

③ $\dfrac{29}{6} =$

④ $\dfrac{80}{9} =$

⑤ $\dfrac{35}{12} =$

⑥ $\dfrac{54}{13} =$

⑦ $\dfrac{85}{27} =$

⑧ $\dfrac{10}{5} =$

⑨ $\dfrac{48}{3} =$

⑩ $\dfrac{96}{12} =$

⑪ $\dfrac{9}{7} =$

⑫ $\dfrac{17}{3} =$

⑬ $\dfrac{79}{9} =$

⑭ $\dfrac{36}{5} =$

⑮ $\dfrac{63}{11} =$

⑯ $\dfrac{78}{25} =$

⑰ $\dfrac{77}{29} =$

⑱ $\dfrac{36}{9} =$

⑲ $\dfrac{84}{7} =$

⑳ $\dfrac{98}{14} =$

분수 변환

분수의 이해

분모가 같은

분수의 덧셈과 뺄셈

분모가 다른

분수의 덧셈과 뺄셈

72
단계

분모가 같은
진분수의 덧셈과 뺄셈

▶ **학습계획** : 매일 공부할 날짜를 정하고, 계획에 맞게 공부하세요.

일차	1일차	2일차	3일차	4일차	5일차
날짜	/	/	/	/	/

▶ **학습연계** : 지금 무엇을 배우는지 확인하고, 이전에 배운 단계와 앞으로 배울 단계를 살펴보세요.

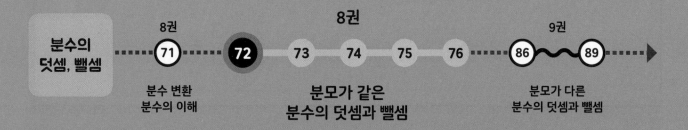

분수의
덧셈, 뺄셈

8권
71

8권
72

73 74 75 76

9권
86   89

분수 변환
분수의 이해

분모가 같은
분수의 덧셈과 뺄셈

분모가 다른
분수의 덧셈과 뺄셈

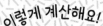

72 분모가 같은 진분수의 덧셈과 뺄셈

분모가 같은 분수의 덧셈과 뺄셈은 분자끼리만 계산해요. 분모는 그대로!

$1+2=3$, $6-2=4$예요. 그럼 $\frac{1}{4}+\frac{2}{4}$, $\frac{6}{7}-\frac{2}{7}$는 어떻게 계산할까요?

분모가 같은 (진분수)+(진분수)

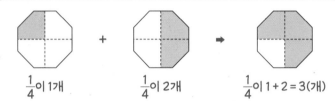

$\frac{1}{4}$이 1개 $\frac{1}{4}$이 2개 $\frac{1}{4}$이 1+2 = 3(개)

분모가 같은 (진분수)-(진분수)

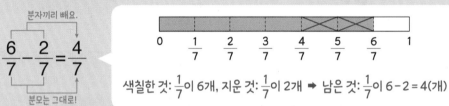

색칠한 것: $\frac{1}{7}$이 6개, 지운 것: $\frac{1}{7}$이 2개 ➡ 남은 것: $\frac{1}{7}$이 6-2 = 4(개)

★ 분모가 같은 분수끼리 더하거나 뺄 때 가분수가 있어도 분모는 그대로 두고 분자끼리만 계산하는 것, 잊지 마세요!

A

덧셈 ➡ $\frac{3}{7}+\frac{2}{7}=\frac{3+2}{7}=\frac{5}{7}$

B

뺄셈 ➡ $\frac{7}{8}-\frac{4}{8}=\frac{7-4}{8}=\frac{3}{8}$

$\frac{7}{5}-\frac{3}{5}=\frac{7-3}{5}=\frac{4}{5}$

분모가 같은 진분수의 덧셈과 뺄셈

A

월   일   /20

분자끼리 더해요.

① $\dfrac{1}{3} + \dfrac{1}{3} = \dfrac{2}{3}$

분모는 그대로!

② $\dfrac{3}{5} + \dfrac{1}{5} =$

③ $\dfrac{2}{8} + \dfrac{3}{8} =$

④ $\dfrac{7}{11} + \dfrac{2}{11} =$

⑤ $\dfrac{10}{15} + \dfrac{4}{15} =$

⑥ $\dfrac{11}{18} + \dfrac{3}{18} =$

⑦ $\dfrac{6}{22} + \dfrac{15}{22} =$

⑧ $\dfrac{12}{25} + \dfrac{8}{25} =$

⑨ $\dfrac{10}{29} + \dfrac{16}{29} =$

⑩ $\dfrac{21}{34} + \dfrac{9}{34} =$

⑪ $\dfrac{1}{7} + \dfrac{2}{7} =$

⑫ $\dfrac{1}{6} + \dfrac{1}{6} =$

⑬ $\dfrac{4}{9} + \dfrac{3}{9} =$

⑭ $\dfrac{1}{15} + \dfrac{8}{15} =$

⑮ $\dfrac{3}{22} + \dfrac{9}{22} =$

⑯ $\dfrac{9}{25} + \dfrac{6}{25} =$

⑰ $\dfrac{3}{14} + \dfrac{7}{14} =$

⑱ $\dfrac{9}{26} + \dfrac{15}{26} =$

⑲ $\dfrac{13}{20} + \dfrac{3}{20} =$

⑳ $\dfrac{15}{23} + \dfrac{7}{23} =$

1 Day 분모가 같은 진분수의 덧셈과 뺄셈

월 일 /20

① 분자끼리 빼요.
$$\frac{2}{3} - \frac{1}{3} = \frac{1}{3}$$
분모는 그대로!

② $\dfrac{3}{5} - \dfrac{2}{5} =$

③ $\dfrac{5}{6} - \dfrac{1}{6} =$

④ $\dfrac{9}{10} - \dfrac{5}{10} =$

⑤ $\dfrac{11}{12} - \dfrac{8}{12} =$

⑥ $\dfrac{13}{14} - \dfrac{2}{14} =$

⑦ $\dfrac{7}{15} - \dfrac{4}{15} =$

⑧ $\dfrac{23}{24} - \dfrac{20}{24} =$

⑨ $\dfrac{25}{26} - \dfrac{17}{26} =$

⑩ $\dfrac{29}{33} - \dfrac{8}{33} =$

⑪ $\dfrac{2}{2} - \dfrac{1}{2} =$

⑫ $\dfrac{4}{4} - \dfrac{3}{4} =$

⑬ $\dfrac{8}{8} - \dfrac{5}{8} =$

⑭ $\dfrac{11}{11} - \dfrac{6}{11} =$

⑮ $\dfrac{20}{20} - \dfrac{17}{20} =$

⑯ $\dfrac{6}{5} - \dfrac{2}{5} =$

⑰ $\dfrac{10}{8} - \dfrac{5}{8} =$

⑱ $\dfrac{22}{13} - \dfrac{9}{13} =$

⑲ $\dfrac{29}{17} - \dfrac{20}{17} =$

⑳ $\dfrac{33}{30} - \dfrac{32}{30} =$

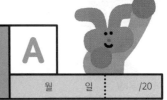

① 분자끼리 더해요.

$\dfrac{2}{4} + \dfrac{1}{4} = \dfrac{3}{4}$

분모는 그대로!

② $\dfrac{2}{6} + \dfrac{3}{6} =$

③ $\dfrac{1}{8} + \dfrac{4}{8} =$

④ $\dfrac{5}{12} + \dfrac{1}{12} =$

⑤ $\dfrac{4}{15} + \dfrac{8}{15} =$

⑥ $\dfrac{5}{18} + \dfrac{7}{18} =$

⑦ $\dfrac{4}{23} + \dfrac{10}{23} =$

⑧ $\dfrac{12}{27} + \dfrac{6}{27} =$

⑨ $\dfrac{11}{30} + \dfrac{13}{30} =$

⑩ $\dfrac{12}{35} + \dfrac{10}{35} =$

⑪ $\dfrac{3}{9} + \dfrac{2}{9} =$

⑫ $\dfrac{2}{5} + \dfrac{2}{5} =$

⑬ $\dfrac{3}{7} + \dfrac{3}{7} =$

⑭ $\dfrac{2}{11} + \dfrac{7}{11} =$

⑮ $\dfrac{5}{16} + \dfrac{9}{16} =$

⑯ $\dfrac{4}{25} + \dfrac{8}{25} =$

⑰ $\dfrac{17}{32} + \dfrac{8}{32} =$

⑱ $\dfrac{11}{19} + \dfrac{6}{19} =$

⑲ $\dfrac{14}{29} + \dfrac{7}{29} =$

⑳ $\dfrac{19}{41} + \dfrac{8}{41} =$

① 분자끼리 빼요.

$$\dfrac{3}{4} - \dfrac{1}{4} = \dfrac{2}{4}$$

분모는 그대로!

② $\dfrac{5}{7} - \dfrac{1}{7} =$

③ $\dfrac{5}{11} - \dfrac{5}{11} =$

④ $\dfrac{8}{13} - \dfrac{3}{13} =$

⑤ $\dfrac{6}{17} - \dfrac{1}{17} =$

⑥ $\dfrac{15}{16} - \dfrac{9}{16} =$

⑦ $\dfrac{12}{21} - \dfrac{6}{21} =$

⑧ $\dfrac{23}{25} - \dfrac{11}{25} =$

⑨ $\dfrac{27}{28} - \dfrac{24}{28} =$

⑩ $\dfrac{19}{38} - \dfrac{15}{38} =$

⑪ $\dfrac{5}{5} - \dfrac{4}{5} =$

⑫ $\dfrac{6}{6} - \dfrac{1}{6} =$

⑬ $\dfrac{14}{14} - \dfrac{5}{14} =$

⑭ $\dfrac{15}{15} - \dfrac{7}{15} =$

⑮ $\dfrac{18}{18} - \dfrac{13}{18} =$

⑯ $\dfrac{6}{4} - \dfrac{3}{4} =$

⑰ $\dfrac{15}{11} - \dfrac{4}{11} =$

⑱ $\dfrac{26}{19} - \dfrac{13}{19} =$

⑲ $\dfrac{39}{27} - \dfrac{35}{27} =$

⑳ $\dfrac{44}{40} - \dfrac{41}{40} =$

분자끼리 더해요.

① $\dfrac{1}{5} + \dfrac{2}{5} = \dfrac{3}{5}$

분모는 그대로!

② $\dfrac{4}{7} + \dfrac{1}{7} =$

③ $\dfrac{2}{9} + \dfrac{5}{9} =$

④ $\dfrac{3}{11} + \dfrac{2}{11} =$

⑤ $\dfrac{4}{13} + \dfrac{8}{13} =$

⑥ $\dfrac{7}{16} + \dfrac{5}{16} =$

⑦ $\dfrac{6}{19} + \dfrac{10}{19} =$

⑧ $\dfrac{2}{21} + \dfrac{14}{21} =$

⑨ $\dfrac{7}{24} + \dfrac{11}{24} =$

⑩ $\dfrac{13}{28} + \dfrac{7}{28} =$

⑪ $\dfrac{4}{7} + \dfrac{2}{7} =$

⑫ $\dfrac{4}{8} + \dfrac{3}{8} =$

⑬ $\dfrac{1}{9} + \dfrac{7}{9} =$

⑭ $\dfrac{6}{17} + \dfrac{9}{17} =$

⑮ $\dfrac{9}{20} + \dfrac{7}{20} =$

⑯ $\dfrac{8}{27} + \dfrac{15}{27} =$

⑰ $\dfrac{13}{30} + \dfrac{7}{30} =$

⑱ $\dfrac{18}{29} + \dfrac{8}{29} =$

⑲ $\dfrac{2}{24} + \dfrac{19}{24} =$

⑳ $\dfrac{15}{36} + \dfrac{8}{36} =$

3 Day

분모가 같은 진분수의 덧셈과 뺄셈

B

분자끼리 빼요.

① $\dfrac{4}{5} - \dfrac{1}{5} = \dfrac{3}{5}$

분모는 그대로!

② $\dfrac{7}{8} - \dfrac{5}{8} =$

③ $\dfrac{5}{9} - \dfrac{2}{9} =$

④ $\dfrac{6}{13} - \dfrac{4}{13} =$

⑤ $\dfrac{7}{16} - \dfrac{5}{16} =$

⑥ $\dfrac{15}{19} - \dfrac{6}{19} =$

⑦ $\dfrac{17}{20} - \dfrac{3}{20} =$

⑧ $\dfrac{22}{25} - \dfrac{16}{25} =$

⑨ $\dfrac{23}{28} - \dfrac{21}{28} =$

⑩ $\dfrac{23}{34} - \dfrac{9}{34} =$

⑪ $\dfrac{3}{3} - \dfrac{2}{3} =$

⑫ $\dfrac{4}{4} - \dfrac{1}{4} =$

⑬ $\dfrac{7}{7} - \dfrac{3}{7} =$

⑭ $\dfrac{11}{11} - \dfrac{9}{11} =$

⑮ $\dfrac{15}{14} - \dfrac{6}{14} =$

⑯ $\dfrac{20}{9} - \dfrac{11}{9} =$

⑰ $\dfrac{17}{10} - \dfrac{10}{10} =$

⑱ $\dfrac{18}{17} - \dfrac{14}{17} =$

⑲ $\dfrac{30}{22} - \dfrac{23}{22} =$

⑳ $\dfrac{42}{29} - \dfrac{14}{29} =$

분자끼리 더해요.

① $\dfrac{4}{6} + \dfrac{1}{6} = \dfrac{5}{6}$

분모는 그대로!

② $\dfrac{2}{7} + \dfrac{2}{7} =$

③ $\dfrac{2}{9} + \dfrac{2}{9} =$

④ $\dfrac{5}{14} + \dfrac{7}{14} =$

⑤ $\dfrac{2}{16} + \dfrac{9}{16} =$

⑥ $\dfrac{4}{17} + \dfrac{8}{17} =$

⑦ $\dfrac{7}{20} + \dfrac{11}{20} =$

⑧ $\dfrac{9}{24} + \dfrac{5}{24} =$

⑨ $\dfrac{16}{27} + \dfrac{4}{27} =$

⑩ $\dfrac{18}{33} + \dfrac{10}{33} =$

⑪ $\dfrac{2}{6} + \dfrac{2}{6} =$

⑫ $\dfrac{1}{8} + \dfrac{3}{8} =$

⑬ $\dfrac{5}{9} + \dfrac{2}{9} =$

⑭ $\dfrac{4}{15} + \dfrac{9}{15} =$

⑮ $\dfrac{3}{22} + \dfrac{7}{22} =$

⑯ $\dfrac{7}{27} + \dfrac{16}{27} =$

⑰ $\dfrac{18}{24} + \dfrac{3}{24} =$

⑱ $\dfrac{5}{19} + \dfrac{13}{19} =$

⑲ $\dfrac{18}{31} + \dfrac{6}{31} =$

⑳ $\dfrac{14}{55} + \dfrac{19}{55} =$

① 분자끼리 빼요.
$\dfrac{3}{4} - \dfrac{2}{4} = \dfrac{1}{4}$
분모는 그대로!

② $\dfrac{5}{7} - \dfrac{2}{7} =$

③ $\dfrac{7}{9} - \dfrac{2}{9} =$

④ $\dfrac{6}{11} - \dfrac{4}{11} =$

⑤ $\dfrac{11}{12} - \dfrac{1}{12} =$

⑥ $\dfrac{9}{18} - \dfrac{5}{18} =$

⑦ $\dfrac{17}{22} - \dfrac{7}{22} =$

⑧ $\dfrac{14}{25} - \dfrac{8}{25} =$

⑨ $\dfrac{25}{29} - \dfrac{22}{29} =$

⑩ $\dfrac{27}{32} - \dfrac{5}{32} =$

⑪ $\dfrac{6}{6} - \dfrac{5}{6} =$

⑫ $\dfrac{8}{8} - \dfrac{3}{8} =$

⑬ $\dfrac{10}{10} - \dfrac{9}{10} =$

⑭ $\dfrac{13}{13} - \dfrac{3}{13} =$

⑮ $\dfrac{15}{15} - \dfrac{4}{15} =$

⑯ $\dfrac{5}{2} - \dfrac{3}{2} =$

⑰ $\dfrac{9}{7} - \dfrac{4}{7} =$

⑱ $\dfrac{22}{16} - \dfrac{13}{16} =$

⑲ $\dfrac{32}{20} - \dfrac{21}{20} =$

⑳ $\dfrac{37}{33} - \dfrac{32}{33} =$

5 Day 분모가 같은 진분수의 덧셈과 뺄셈

A

월   일   /20

분자끼리 더해요.

① $\dfrac{1}{5} + \dfrac{1}{5} = \dfrac{2}{5}$

분모는 그대로!

② $\dfrac{1}{7} + \dfrac{5}{7} =$

③ $\dfrac{3}{8} + \dfrac{1}{8} =$

④ $\dfrac{5}{11} + \dfrac{2}{11} =$

⑤ $\dfrac{6}{17} + \dfrac{10}{17} =$

⑥ $\dfrac{3}{20} + \dfrac{9}{20} =$

⑦ $\dfrac{16}{25} + \dfrac{6}{25} =$

⑧ $\dfrac{17}{29} + \dfrac{8}{29} =$

⑨ $\dfrac{24}{31} + \dfrac{4}{31} =$

⑩ $\dfrac{10}{37} + \dfrac{7}{37} =$

⑪ $\dfrac{1}{4} + \dfrac{1}{4} =$

⑫ $\dfrac{2}{9} + \dfrac{6}{9} =$

⑬ $\dfrac{1}{5} + \dfrac{3}{5} =$

⑭ $\dfrac{7}{25} + \dfrac{9}{25} =$

⑮ $\dfrac{3}{19} + \dfrac{8}{19} =$

⑯ $\dfrac{9}{22} + \dfrac{5}{22} =$

⑰ $\dfrac{8}{21} + \dfrac{6}{21} =$

⑱ $\dfrac{8}{17} + \dfrac{8}{17} =$

⑲ $\dfrac{16}{39} + \dfrac{9}{39} =$

⑳ $\dfrac{13}{44} + \dfrac{17}{44} =$

① 분자끼리 빼요.
$\dfrac{3}{5} - \dfrac{1}{5} = \dfrac{2}{5}$
분모는 그대로!

② $\dfrac{4}{6} - \dfrac{3}{6} =$

③ $\dfrac{5}{8} - \dfrac{3}{8} =$

④ $\dfrac{9}{14} - \dfrac{7}{14} =$

⑤ $\dfrac{14}{17} - \dfrac{2}{17} =$

⑥ $\dfrac{18}{19} - \dfrac{9}{19} =$

⑦ $\dfrac{21}{22} - \dfrac{19}{22} =$

⑧ $\dfrac{16}{24} - \dfrac{9}{24} =$

⑨ $\dfrac{22}{26} - \dfrac{14}{26} =$

⑩ $\dfrac{31}{35} - \dfrac{27}{35} =$

⑪ $\dfrac{7}{7} - \dfrac{4}{7} =$

⑫ $\dfrac{9}{9} - \dfrac{2}{9} =$

⑬ $\dfrac{12}{12} - \dfrac{1}{12} =$

⑭ $\dfrac{13}{13} - \dfrac{12}{13} =$

⑮ $\dfrac{15}{15} - \dfrac{8}{15} =$

⑯ $\dfrac{9}{3} - \dfrac{7}{3} =$

⑰ $\dfrac{20}{7} - \dfrac{15}{7} =$

⑱ $\dfrac{15}{12} - \dfrac{11}{12} =$

⑲ $\dfrac{41}{25} - \dfrac{16}{25} =$

⑳ $\dfrac{27}{18} - \dfrac{14}{18} =$

73 단계

분모가 같은
대분수의 덧셈과 뺄셈

▶ **학습계획** : 매일 공부할 날짜를 정하고, 계획에 맞게 공부하세요.

일차	1일차	2일차	3일차	4일차	5일차
날짜	/	/	/	/	/

▶ **학습연계** : 지금 무엇을 배우는지 확인하고, 이전에 배운 단계와 앞으로 배울 단계를 살펴보세요.

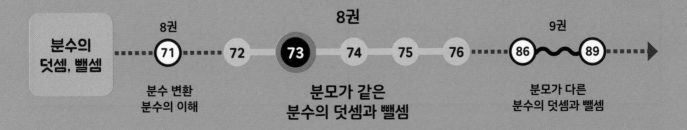

분수의
덧셈, 뺄셈

8권
71 ···· 72 ······

분수 변환
분수의 이해

8권
73 74 75 76

분모가 같은
분수의 덧셈과 뺄셈

9권
86 ~ 89

분모가 다른
분수의 덧셈과 뺄셈

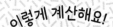

73 분모가 같은 대분수의 덧셈과 뺄셈

자연수는 자연수끼리, 분수는 분수끼리 계산해요.

분모가 같은 대분수끼리 더하거나 뺄 때에는 자연수는 자연수끼리, 분수는 분수끼리 계산해요.

분모가 같은 대분수의 덧셈

➡ $1\frac{2}{6}$

➡ $1\frac{3}{6}$

➡ $1\frac{2}{6}+1\frac{3}{6}=(1+1)+\left(\frac{2}{6}+\frac{3}{6}\right)=2+\frac{5}{6}=2\frac{5}{6}$

자연수끼리
더해요.   분수끼리
더해요.

분모가 같은 대분수의 뺄셈

➡ $2\frac{4}{5}$

➡ $2\frac{4}{5}-1\frac{3}{5}$

➡ $2\frac{4}{5}-1\frac{3}{5}=(2-1)+\left(\frac{4}{5}-\frac{3}{5}\right)=1+\frac{1}{5}=1\frac{1}{5}$

자연수끼리
빼요.   분수끼리
빼요.

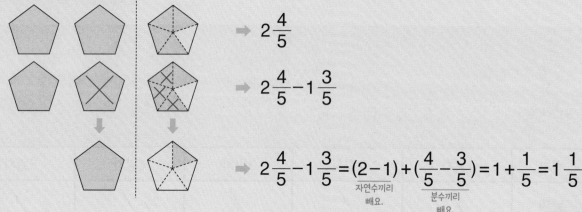

A

덧셈 ➡ $2\frac{1}{4}+3\frac{2}{4}=5+\frac{3}{4}$

$=5\frac{3}{4}$

B

뺄셈 ➡ $7\frac{6}{8}-4\frac{4}{8}=3+\frac{2}{8}$

$=3\frac{2}{8}$

① 자연수끼리!
$$2\frac{2}{5} + 3\frac{1}{5} = 5\frac{3}{5}$$
분수끼리!

② $1\frac{1}{6} + 4\frac{2}{6} =$

③ $2\frac{1}{8} + 1\frac{4}{8} =$

④ $6\frac{1}{3} + 3\frac{1}{3} =$

⑤ $4\frac{1}{4} + 2\frac{2}{4} =$

⑥ $3\frac{2}{9} + 3\frac{2}{9} =$

⑦ $5\frac{3}{8} + 4\frac{4}{8} =$

⑧ $2\frac{3}{10} + 6\frac{5}{10} =$

⑨ $7\frac{10}{15} + 5\frac{3}{15} =$

⑩ $2\frac{8}{19} + 2\frac{7}{19} =$

⑪ $3\frac{1}{4} + 2\frac{1}{4} =$

⑫ $3\frac{4}{7} + 4\frac{2}{7} =$

⑬ $2\frac{3}{11} + 5\frac{6}{11} =$

⑭ $6\frac{7}{12} + 3\frac{4}{12} =$

⑮ $4\frac{1}{13} + 2\frac{10}{13} =$

⑯ $1\frac{2}{16} + 2\frac{13}{16} =$

⑰ $5\frac{11}{14} + 3\frac{1}{14} =$

⑱ $3\frac{12}{17} + 3\frac{3}{17} =$

⑲ $2\frac{11}{24} + 6\frac{12}{24} =$

⑳ $1\frac{15}{28} + 1\frac{12}{28} =$

① 자연수끼리!
$5\dfrac{3}{6} - 2\dfrac{1}{6} = 3\dfrac{2}{6}$
분수끼리!

⑪ $2\dfrac{2}{3} - 1\dfrac{1}{3} =$

② $4\dfrac{3}{4} - 4\dfrac{1}{4} =$

⑫ $5\dfrac{4}{5} - 2\dfrac{3}{5} =$

③ $6\dfrac{5}{8} - 2\dfrac{3}{8} =$

⑬ $4\dfrac{6}{7} - 2\dfrac{2}{7} =$

④ $2\dfrac{4}{6} - 1\dfrac{2}{6} =$

⑭ $2\dfrac{7}{8} - 2\dfrac{1}{8} =$

⑤ $7\dfrac{5}{9} - 3\dfrac{2}{9} =$

⑮ $4\dfrac{8}{13} - 3\dfrac{3}{13} =$

⑥ $5\dfrac{3}{7} - 4\dfrac{3}{7} =$

⑯ $6\dfrac{7}{14} - 1\dfrac{4}{14} =$

⑦ $7\dfrac{8}{10} - 5\dfrac{5}{10} =$

⑰ $5\dfrac{15}{17} - 3\dfrac{3}{17} =$

⑧ $8\dfrac{11}{14} - 2\dfrac{8}{14} =$

⑱ $9\dfrac{17}{18} - 4\dfrac{6}{18} =$

⑨ $9\dfrac{13}{20} - 7\dfrac{9}{20} =$

⑲ $4\dfrac{11}{12} - 3\dfrac{11}{12} =$

⑩ $6\dfrac{18}{19} - 3\dfrac{11}{19} =$

⑳ $7\dfrac{14}{15} - 2\dfrac{12}{15} =$

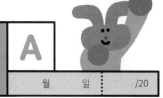
① 자연수끼리!

$1\dfrac{2}{8} + 4\dfrac{4}{8} = 5\dfrac{6}{8}$

분수끼리!

② $2\dfrac{1}{3} + 2\dfrac{1}{3} =$

③ $4\dfrac{2}{6} + 2\dfrac{3}{6} =$

④ $3\dfrac{2}{4} + 5\dfrac{1}{4} =$

⑤ $5\dfrac{3}{5} + 4\dfrac{1}{5} =$

⑥ $6\dfrac{3}{7} + 3\dfrac{2}{7} =$

⑦ $4\dfrac{5}{9} + 2\dfrac{3}{9} =$

⑧ $2\dfrac{8}{12} + 6\dfrac{2}{12} =$

⑨ $3\dfrac{17}{27} + 4\dfrac{5}{27} =$

⑩ $8\dfrac{8}{33} + 4\dfrac{14}{33} =$

⑪ $2\dfrac{1}{4} + 1\dfrac{2}{4} =$

⑫ $4\dfrac{2}{8} + 5\dfrac{3}{8} =$

⑬ $1\dfrac{3}{10} + 3\dfrac{4}{10} =$

⑭ $2\dfrac{7}{15} + 4\dfrac{5}{15} =$

⑮ $3\dfrac{1}{12} + 3\dfrac{10}{12} =$

⑯ $4\dfrac{3}{17} + 3\dfrac{12}{17} =$

⑰ $2\dfrac{11}{13} + 6\dfrac{1}{13} =$

⑱ $5\dfrac{14}{19} + 2\dfrac{3}{19} =$

⑲ $3\dfrac{11}{23} + 4\dfrac{11}{23} =$

⑳ $4\dfrac{10}{26} + 4\dfrac{15}{26} =$

분모가 같은 대분수의 덧셈과 뺄셈

① 자연수끼리!
$7\dfrac{5}{7} - 3\dfrac{3}{7} = 4\dfrac{2}{7}$
분수끼리!

② $5\dfrac{3}{4} - 2\dfrac{1}{4} =$

③ $6\dfrac{5}{6} - 1\dfrac{2}{6} =$

④ $7\dfrac{4}{5} - 5\dfrac{3}{5} =$

⑤ $3\dfrac{4}{7} - 3\dfrac{2}{7} =$

⑥ $8\dfrac{1}{2} - 2\dfrac{1}{2} =$

⑦ $9\dfrac{5}{8} - 6\dfrac{4}{8} =$

⑧ $5\dfrac{8}{9} - 5\dfrac{2}{9} =$

⑨ $9\dfrac{10}{11} - 4\dfrac{7}{11} =$

⑩ $8\dfrac{13}{20} - 4\dfrac{8}{20} =$

⑪ $3\dfrac{2}{4} - 2\dfrac{1}{4} =$

⑫ $6\dfrac{4}{6} - 5\dfrac{2}{6} =$

⑬ $5\dfrac{1}{7} - 5\dfrac{1}{7} =$

⑭ $5\dfrac{7}{9} - 1\dfrac{4}{9} =$

⑮ $6\dfrac{5}{12} - 4\dfrac{2}{12} =$

⑯ $4\dfrac{6}{15} - 2\dfrac{3}{15} =$

⑰ $7\dfrac{13}{14} - 3\dfrac{2}{14} =$

⑱ $5\dfrac{16}{17} - 3\dfrac{5}{17} =$

⑲ $8\dfrac{14}{16} - 5\dfrac{13}{16} =$

⑳ $1\dfrac{17}{19} - 1\dfrac{12}{19} =$

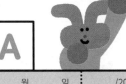
① 자연수끼리!
$3\dfrac{4}{9} + 3\dfrac{3}{9} = 6\dfrac{7}{9}$
분수끼리!

⑪ $4\dfrac{2}{5} + 2\dfrac{2}{5} =$

② $1\dfrac{1}{4} + 1\dfrac{2}{4} =$

⑫ $5\dfrac{3}{6} + 5\dfrac{1}{6} =$

③ $3\dfrac{2}{7} + 2\dfrac{4}{7} =$

⑬ $3\dfrac{5}{12} + 6\dfrac{4}{12} =$

④ $2\dfrac{3}{5} + 6\dfrac{1}{5} =$

⑭ $5\dfrac{3}{19} + 8\dfrac{7}{19} =$

⑤ $5\dfrac{2}{9} + 4\dfrac{3}{9} =$

⑮ $3\dfrac{2}{16} + 4\dfrac{11}{16} =$

⑥ $6\dfrac{1}{10} + 2\dfrac{1}{10} =$

⑯ $6\dfrac{3}{22} + 9\dfrac{12}{22} =$

⑦ $2\dfrac{2}{8} + 7\dfrac{4}{8} =$

⑰ $2\dfrac{11}{14} + 2\dfrac{2}{14} =$

⑧ $9\dfrac{2}{6} + 2\dfrac{3}{6} =$

⑱ $5\dfrac{10}{25} + 1\dfrac{4}{25} =$

⑨ $7\dfrac{2}{15} + 8\dfrac{8}{15} =$

⑲ $4\dfrac{12}{27} + 3\dfrac{13}{27} =$

⑩ $4\dfrac{5}{13} + 4\dfrac{7}{13} =$

⑳ $3\dfrac{16}{30} + 5\dfrac{13}{30} =$

① $7\dfrac{5}{6} - 2\dfrac{4}{6} = 5\dfrac{1}{6}$

자연수끼리!

분수끼리!

② $9\dfrac{2}{9} - 4\dfrac{1}{9} =$

③ $4\dfrac{5}{7} - 3\dfrac{3}{7} =$

④ $8\dfrac{6}{9} - 5\dfrac{4}{9} =$

⑤ $5\dfrac{3}{5} - 4\dfrac{3}{5} =$

⑥ $6\dfrac{5}{8} - 2\dfrac{2}{8} =$

⑦ $9\dfrac{3}{4} - 9\dfrac{1}{4} =$

⑧ $7\dfrac{7}{10} - 4\dfrac{5}{10} =$

⑨ $3\dfrac{12}{17} - 1\dfrac{6}{17} =$

⑩ $8\dfrac{17}{28} - 2\dfrac{9}{28} =$

⑪ $8\dfrac{3}{5} - 6\dfrac{2}{5} =$

⑫ $4\dfrac{6}{8} - 4\dfrac{3}{8} =$

⑬ $4\dfrac{6}{7} - 1\dfrac{2}{7} =$

⑭ $6\dfrac{8}{9} - 2\dfrac{4}{9} =$

⑮ $9\dfrac{3}{13} - 2\dfrac{1}{13} =$

⑯ $7\dfrac{7}{20} - 4\dfrac{6}{20} =$

⑰ $8\dfrac{14}{16} - 1\dfrac{4}{16} =$

⑱ $5\dfrac{17}{25} - 4\dfrac{3}{25} =$

⑲ $3\dfrac{16}{19} - 1\dfrac{15}{19} =$

⑳ $4\dfrac{19}{24} - 2\dfrac{12}{24} =$

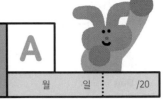

① 자연수끼리! $4\dfrac{1}{3} + 3\dfrac{1}{3} = 7\dfrac{2}{3}$ 분수끼리!

② $2\dfrac{1}{6} + 3\dfrac{4}{6} =$

③ $4\dfrac{2}{9} + 5\dfrac{5}{9} =$

④ $3\dfrac{3}{7} + 4\dfrac{2}{7} =$

⑤ $5\dfrac{1}{4} + 2\dfrac{2}{4} =$

⑥ $6\dfrac{2}{5} + 1\dfrac{1}{5} =$

⑦ $3\dfrac{3}{8} + 4\dfrac{4}{8} =$

⑧ $7\dfrac{8}{14} + 5\dfrac{5}{14} =$

⑨ $4\dfrac{13}{21} + 4\dfrac{7}{21} =$

⑩ $6\dfrac{15}{26} + 4\dfrac{10}{26} =$

⑪ $6\dfrac{1}{4} + 3\dfrac{1}{4} =$

⑫ $2\dfrac{3}{7} + 9\dfrac{1}{7} =$

⑬ $4\dfrac{2}{13} + 3\dfrac{6}{13} =$

⑭ $5\dfrac{8}{17} + 8\dfrac{5}{17} =$

⑮ $1\dfrac{3}{18} + 7\dfrac{12}{18} =$

⑯ $7\dfrac{4}{27} + 4\dfrac{16}{27} =$

⑰ $5\dfrac{11}{16} + 9\dfrac{2}{16} =$

⑱ $5\dfrac{15}{26} + 5\dfrac{6}{26} =$

⑲ $3\dfrac{11}{28} + 2\dfrac{13}{28} =$

⑳ $2\dfrac{12}{35} + 9\dfrac{17}{35} =$

① 자연수끼리!

$7\dfrac{3}{8} - 4\dfrac{2}{8} = 3\dfrac{1}{8}$

분수끼리!

② $9\dfrac{4}{5} - 6\dfrac{1}{5} =$

③ $5\dfrac{5}{6} - 4\dfrac{4}{6} =$

④ $8\dfrac{3}{4} - 5\dfrac{1}{4} =$

⑤ $7\dfrac{7}{9} - 6\dfrac{4}{9} =$

⑥ $5\dfrac{2}{3} - 1\dfrac{1}{3} =$

⑦ $9\dfrac{6}{7} - 6\dfrac{2}{7} =$

⑧ $8\dfrac{16}{23} - 7\dfrac{7}{23} =$

⑨ $7\dfrac{17}{19} - 4\dfrac{5}{19} =$

⑩ $8\dfrac{25}{30} - 3\dfrac{13}{30} =$

⑪ $7\dfrac{1}{2} - 3\dfrac{1}{2} =$

⑫ $9\dfrac{4}{6} - 6\dfrac{1}{6} =$

⑬ $2\dfrac{2}{4} - 2\dfrac{1}{4} =$

⑭ $6\dfrac{5}{9} - 4\dfrac{4}{9} =$

⑮ $4\dfrac{8}{16} - 2\dfrac{4}{16} =$

⑯ $3\dfrac{9}{22} - 3\dfrac{6}{22} =$

⑰ $6\dfrac{13}{14} - 5\dfrac{2}{14} =$

⑱ $5\dfrac{18}{26} - 1\dfrac{2}{26} =$

⑲ $8\dfrac{15}{17} - 2\dfrac{11}{17} =$

⑳ $4\dfrac{19}{26} - 4\dfrac{19}{26} =$

① 자연수끼리!
$6\dfrac{2}{7} + 3\dfrac{4}{7} = 9\dfrac{6}{7}$
분수끼리!

② $3\dfrac{2}{5} + 4\dfrac{2}{5} =$

③ $5\dfrac{1}{11} + 1\dfrac{3}{11} =$

④ $2\dfrac{6}{8} + 5\dfrac{1}{8} =$

⑤ $9\dfrac{2}{6} + 2\dfrac{3}{6} =$

⑥ $8\dfrac{1}{4} + 1\dfrac{2}{4} =$

⑦ $3\dfrac{2}{9} + 5\dfrac{3}{9} =$

⑧ $4\dfrac{8}{26} + 5\dfrac{13}{26} =$

⑨ $7\dfrac{12}{17} + 4\dfrac{3}{17} =$

⑩ $6\dfrac{9}{28} + 3\dfrac{11}{28} =$

⑪ $3\dfrac{1}{6} + 4\dfrac{2}{6} =$

⑫ $7\dfrac{4}{9} + 8\dfrac{1}{9} =$

⑬ $2\dfrac{5}{18} + 1\dfrac{7}{18} =$

⑭ $6\dfrac{8}{23} + 6\dfrac{4}{23} =$

⑮ $2\dfrac{5}{24} + 4\dfrac{13}{24} =$

⑯ $2\dfrac{7}{27} + 8\dfrac{16}{27} =$

⑰ $4\dfrac{25}{28} + 1\dfrac{2}{28} =$

⑱ $3\dfrac{19}{33} + 6\dfrac{8}{33} =$

⑲ $5\dfrac{15}{36} + 2\dfrac{16}{36} =$

⑳ $6\dfrac{21}{40} + 6\dfrac{12}{40} =$

① 자연수끼리!

$$7\frac{7}{8} - 5\frac{3}{8} = 2\frac{4}{8}$$

분수끼리!

② $9\frac{2}{7} - 3\frac{1}{7} =$

③ $4\frac{3}{4} - 4\frac{2}{4} =$

④ $5\frac{4}{6} - 2\frac{2}{6} =$

⑤ $8\frac{7}{9} - 5\frac{5}{9} =$

⑥ $7\frac{4}{5} - 6\frac{1}{5} =$

⑦ $6\frac{2}{3} - 2\frac{2}{3} =$

⑧ $9\frac{15}{18} - 4\frac{12}{18} =$

⑨ $5\frac{17}{22} - 1\frac{14}{22} =$

⑩ $7\frac{20}{23} - 6\frac{18}{23} =$

⑪ $6\frac{4}{5} - 2\frac{2}{5} =$

⑫ $4\frac{5}{7} - 3\frac{2}{7} =$

⑬ $8\frac{6}{8} - 3\frac{1}{8} =$

⑭ $4\frac{7}{9} - 1\frac{3}{9} =$

⑮ $3\frac{8}{11} - 2\frac{4}{11} =$

⑯ $5\frac{6}{27} - 1\frac{2}{27} =$

⑰ $6\frac{15}{16} - 2\frac{4}{16} =$

⑱ $2\frac{23}{24} - 1\frac{2}{24} =$

⑲ $7\frac{18}{19} - 3\frac{12}{19} =$

⑳ $9\frac{23}{25} - 4\frac{13}{25} =$

분모가 같은 분수의 덧셈

74 단계

▶ 학습계획 : 매일 공부할 날짜를 정하고, 계획에 맞게 공부하세요.

일차	1일차	2일차	3일차	4일차	5일차
날짜	/	/	/	/	/

▶ 학습연계 : 지금 무엇을 배우는지 확인하고, 이전에 배운 단계와 앞으로 배울 단계를 살펴보세요.

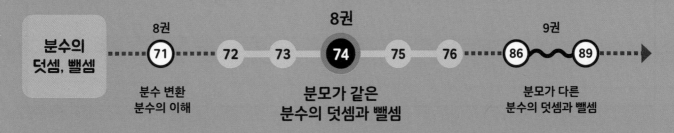

분수의 덧셈, 뺄셈

8권
71 — 72 — 73

8권
74 — 75 — 76

9권
86 ～ 89

분수 변환
분수의 이해

분모가 같은
분수의 덧셈과 뺄셈

분모가 다른
분수의 덧셈과 뺄셈

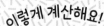

 **74**

분모가 같은 분수의 덧셈

> **분수 부분의 합이 가분수이면 대분수로 나타내요.**

받아올림이 있는 진분수의 덧셈

분모는 그대로 두고 분자끼리 더해요. 계산 결과가 가분수이면 대분수로 나타내요.

$$\frac{3}{4}+\frac{2}{4}=\frac{3+2}{4}=\frac{5}{4}=1\frac{1}{4}$$

받아올림이 있는 대분수의 덧셈

대분수의 덧셈은 자연수는 자연수끼리, 분수는 분수끼리 더해요.

이때 분수끼리의 합이 가분수이면 대분수로 나타낸 후 자연수와 더해요.

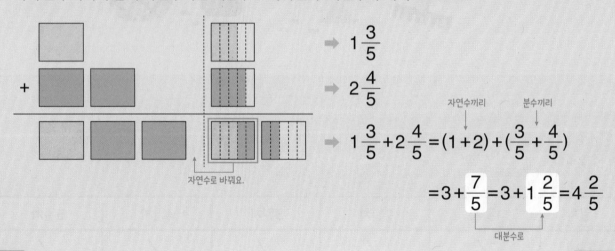

$$\Rightarrow 1\frac{3}{5}$$

$$\Rightarrow 2\frac{4}{5}$$

자연수끼리 분수끼리

$$\Rightarrow 1\frac{3}{5}+2\frac{4}{5}=(1+2)+\left(\frac{3}{5}+\frac{4}{5}\right)$$

$$=3+\frac{7}{5}=3+1\frac{2}{5}=4\frac{2}{5}$$

대분수로

자연수로 바꿔요.

A

(진분수) + (진분수)

$$\frac{3}{7}+\frac{5}{7}=\frac{3+5}{7}$$

$$=\frac{8}{7}=1\frac{1}{7}$$

B

(대분수) + (대분수)

$$3\frac{4}{6}+2\frac{4}{6}=5+\frac{8}{6}$$

$$=5+1\frac{2}{6}=6\frac{2}{6}$$

분모가 같은 분수의 덧셈

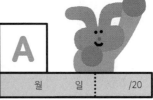

★ 계산 결과를 대분수로 나타내세요.

① $\frac{2}{5} + \frac{4}{5} = \frac{6}{5} = 1\frac{1}{5}$

⑪ $\frac{4}{5} + \frac{4}{5} =$

② $\frac{6}{7} + \frac{3}{7} =$

⑫ $\frac{6}{9} + \frac{4}{9} =$

③ $\frac{5}{8} + \frac{7}{8} =$

⑬ $\frac{3}{4} + \frac{3}{4} =$

④ $\frac{2}{10} + \frac{9}{10} =$

⑭ $\frac{8}{12} + \frac{4}{12} =$

⑤ $\frac{8}{11} + \frac{6}{11} =$

⑮ $\frac{11}{15} + \frac{14}{15} =$

⑥ $\frac{7}{14} + \frac{9}{14} =$

⑯ $\frac{5}{6} + \frac{4}{6} =$

⑦ $\frac{8}{13} + \frac{12}{13} =$

⑰ $\frac{9}{10} + \frac{6}{10} =$

⑧ $\frac{9}{20} + \frac{17}{20} =$

⑱ $\frac{12}{18} + \frac{15}{18} =$

⑨ $\frac{16}{19} + \frac{7}{19} =$

⑲ $\frac{14}{20} + \frac{6}{20} =$

⑩ $\frac{14}{15} + \frac{8}{15} =$

⑳ $\frac{6}{17} + \frac{15}{17} =$

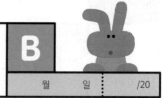

① $5\dfrac{2}{6} + 3\dfrac{5}{6} = 8 + 1\dfrac{1}{6} = 9\dfrac{1}{6}$

     $\dfrac{7}{6}=1\dfrac{1}{6}$

② $4\dfrac{3}{4} + 2\dfrac{1}{4} =$

③ $3\dfrac{6}{9} + 2\dfrac{5}{9} =$

④ $7\dfrac{4}{5} + 3\dfrac{3}{5} =$

⑤ $6\dfrac{5}{7} + 4\dfrac{6}{7} =$

⑥ $2\dfrac{9}{11} + 6\dfrac{7}{11} =$

⑦ $5\dfrac{7}{13} + 5\dfrac{8}{13} =$

⑧ $1\dfrac{15}{17} + 7\dfrac{12}{17} =$

⑨ $3\dfrac{18}{20} + 8\dfrac{12}{20} =$

⑩ $8\dfrac{20}{23} + 4\dfrac{13}{23} =$

⑪ $1\dfrac{2}{4} + 2\dfrac{3}{4} =$

⑫ $4\dfrac{4}{9} + 3\dfrac{5}{9} =$

⑬ $3\dfrac{8}{14} + 1\dfrac{9}{14} =$

⑭ $2\dfrac{8}{15} + 5\dfrac{8}{15} =$

⑮ $4\dfrac{7}{17} + 2\dfrac{12}{17} =$

⑯ $1\dfrac{4}{19} + 5\dfrac{16}{19} =$

⑰ $4\dfrac{13}{16} + 3\dfrac{5}{16} =$

⑱ $3\dfrac{14}{18} + 3\dfrac{7}{18} =$

⑲ $1\dfrac{10}{12} + 3\dfrac{11}{12} =$

⑳ $4\dfrac{19}{25} + 4\dfrac{13}{25} =$

2
Day

분모가 같은 분수의 덧셈

A

★ 계산 결과를 대분수로 나타내세요.

① $\dfrac{8}{9} + \dfrac{7}{9} = \dfrac{15}{9} = 1\dfrac{6}{9}$

대분수로!

② $\dfrac{2}{4} + \dfrac{3}{4} =$

③ $\dfrac{7}{8} + \dfrac{3}{8} =$

④ $\dfrac{8}{11} + \dfrac{9}{11} =$

⑤ $\dfrac{8}{13} + \dfrac{7}{13} =$

⑥ $\dfrac{6}{14} + \dfrac{9}{14} =$

⑦ $\dfrac{5}{19} + \dfrac{18}{19} =$

⑧ $\dfrac{7}{24} + \dfrac{19}{24} =$

⑨ $\dfrac{17}{18} + \dfrac{5}{18} =$

⑩ $\dfrac{19}{22} + \dfrac{5}{22} =$

⑪ $\dfrac{3}{5} + \dfrac{4}{5} =$

⑫ $\dfrac{5}{7} + \dfrac{6}{7} =$

⑬ $\dfrac{4}{6} + \dfrac{5}{6} =$

⑭ $\dfrac{8}{10} + \dfrac{8}{10} =$

⑮ $\dfrac{9}{12} + \dfrac{10}{12} =$

⑯ $\dfrac{11}{17} + \dfrac{14}{17} =$

⑰ $\dfrac{15}{21} + \dfrac{19}{21} =$

⑱ $\dfrac{6}{25} + \dfrac{20}{25} =$

⑲ $\dfrac{17}{24} + \dfrac{14}{24} =$

⑳ $\dfrac{27}{31} + \dfrac{15}{31} =$

① $3\dfrac{4}{5} + 2\dfrac{3}{5} = 5 + 1\dfrac{2}{5} = 6\dfrac{2}{5}$ ($\dfrac{7}{5} = 1\dfrac{2}{5}$, 5)

⑪ $2\dfrac{2}{3} + 3\dfrac{2}{3} =$

② $2\dfrac{6}{9} + 4\dfrac{4}{9} =$

⑫ $3\dfrac{5}{7} + 4\dfrac{6}{7} =$

③ $4\dfrac{6}{7} + 5\dfrac{5}{7} =$

⑬ $5\dfrac{5}{12} + 2\dfrac{9}{12} =$

④ $9\dfrac{7}{8} + 3\dfrac{5}{8} =$

⑭ $2\dfrac{9}{17} + 4\dfrac{8}{17} =$

⑤ $6\dfrac{8}{12} + 2\dfrac{9}{12} =$

⑮ $3\dfrac{4}{13} + 5\dfrac{11}{13} =$

⑥ $5\dfrac{12}{16} + 6\dfrac{14}{16} =$

⑯ $4\dfrac{7}{15} + 4\dfrac{13}{15} =$

⑦ $3\dfrac{2}{14} + 1\dfrac{13}{14} =$

⑰ $3\dfrac{12}{16} + 1\dfrac{7}{16} =$

⑧ $7\dfrac{8}{22} + 4\dfrac{18}{22} =$

⑱ $2\dfrac{17}{18} + 2\dfrac{5}{18} =$

⑨ $6\dfrac{17}{20} + 3\dfrac{12}{20} =$

⑲ $3\dfrac{12}{19} + 3\dfrac{15}{19} =$

⑩ $4\dfrac{19}{23} + 4\dfrac{13}{23}$

⑳ $4\dfrac{15}{27} + 2\dfrac{14}{27} =$

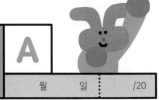
★ 계산 결과를 대분수로 나타내세요.

① $\dfrac{4}{8} + \dfrac{7}{8} = \dfrac{11}{8} = 1\dfrac{3}{8}$
   대분수로!

② $\dfrac{4}{5} + \dfrac{3}{5} =$

③ $\dfrac{5}{9} + \dfrac{8}{9} =$

④ $\dfrac{9}{14} + \dfrac{5}{14} =$

⑤ $\dfrac{9}{16} + \dfrac{9}{16} =$

⑥ $\dfrac{9}{13} + \dfrac{8}{13} =$

⑦ $\dfrac{5}{19} + \dfrac{15}{19} =$

⑧ $\dfrac{7}{25} + \dfrac{19}{25} =$

⑨ $\dfrac{11}{13} + \dfrac{9}{13} =$

⑩ $\dfrac{17}{21} + \dfrac{8}{21} =$

⑪ $\dfrac{5}{6} + \dfrac{5}{6} =$

⑫ $\dfrac{7}{8} + \dfrac{6}{8} =$

⑬ $\dfrac{4}{7} + \dfrac{3}{7} =$

⑭ $\dfrac{5}{9} + \dfrac{6}{9} =$

⑮ $\dfrac{4}{11} + \dfrac{10}{11} =$

⑯ $\dfrac{12}{15} + \dfrac{9}{15} =$

⑰ $\dfrac{13}{17} + \dfrac{15}{17} =$

⑱ $\dfrac{18}{21} + \dfrac{14}{21} =$

⑲ $\dfrac{17}{26} + \dfrac{23}{26} =$

⑳ $\dfrac{28}{32} + \dfrac{9}{32} =$

3 Day

분모가 같은 분수의 덧셈

① $3\dfrac{2}{9} + 5\dfrac{8}{9} = 8 + 1\dfrac{1}{9} = 9\dfrac{1}{9}$

(위: $\dfrac{10}{9} = 1\dfrac{1}{9}$, 아래: 8)

② $2\dfrac{2}{4} + 3\dfrac{2}{4} =$

③ $3\dfrac{5}{7} + 4\dfrac{4}{7} =$

④ $8\dfrac{4}{5} + 1\dfrac{2}{5} =$

⑤ $7\dfrac{5}{6} + 5\dfrac{1}{6} =$

⑥ $4\dfrac{12}{19} + 2\dfrac{18}{19} =$

⑦ $3\dfrac{17}{20} + 5\dfrac{15}{20} =$

⑧ $6\dfrac{16}{27} + 7\dfrac{23}{27} =$

⑨ $2\dfrac{18}{24} + 8\dfrac{16}{24} =$

⑩ $8\dfrac{25}{33} + 4\dfrac{16}{33} =$

⑪ $5\dfrac{1}{2} + 3\dfrac{1}{2} =$

⑫ $6\dfrac{4}{9} + 5\dfrac{7}{9} =$

⑬ $1\dfrac{6}{14} + 3\dfrac{9}{14} =$

⑭ $8\dfrac{9}{15} + 6\dfrac{7}{15} =$

⑮ $2\dfrac{4}{13} + 5\dfrac{12}{13} =$

⑯ $8\dfrac{9}{26} + 2\dfrac{19}{26} =$

⑰ $3\dfrac{17}{18} + 6\dfrac{6}{18} =$

⑱ $2\dfrac{15}{21} + 3\dfrac{6}{21} =$

⑲ $3\dfrac{13}{24} + 3\dfrac{18}{24} =$

⑳ $5\dfrac{27}{35} + 2\dfrac{13}{35} =$

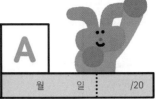
★ 계산 결과를 대분수로 나타내세요.

① $\dfrac{6}{7} + \dfrac{6}{7} = \dfrac{12}{7} = 1\dfrac{5}{7}$

대분수로!

② $\dfrac{2}{6} + \dfrac{5}{6} =$

③ $\dfrac{7}{9} + \dfrac{3}{9} =$

④ $\dfrac{4}{12} + \dfrac{9}{12} =$

⑤ $\dfrac{8}{14} + \dfrac{7}{14} =$

⑥ $\dfrac{8}{15} + \dfrac{9}{15} =$

⑦ $\dfrac{8}{21} + \dfrac{16}{21} =$

⑧ $\dfrac{9}{29} + \dfrac{27}{29} =$

⑨ $\dfrac{15}{23} + \dfrac{8}{23} =$

⑩ $\dfrac{15}{17} + \dfrac{16}{17} =$

⑪ $\dfrac{4}{8} + \dfrac{6}{8} =$

⑫ $\dfrac{3}{7} + \dfrac{6}{7} =$

⑬ $\dfrac{4}{5} + \dfrac{2}{5} =$

⑭ $\dfrac{2}{3} + \dfrac{2}{3} =$

⑮ $\dfrac{9}{12} + \dfrac{7}{12} =$

⑯ $\dfrac{10}{14} + \dfrac{12}{14} =$

⑰ $\dfrac{14}{18} + \dfrac{15}{18} =$

⑱ $\dfrac{23}{24} + \dfrac{9}{24} =$

⑲ $\dfrac{27}{31} + \dfrac{16}{31} =$

⑳ $\dfrac{20}{27} + \dfrac{24}{27} =$

① $3\dfrac{10}{12} + 3\dfrac{9}{12} = 6 + 1\dfrac{7}{12} = 7\dfrac{7}{12}$ ($\dfrac{19}{12} = 1\dfrac{7}{12}$) (6)

⑪ $3\dfrac{4}{8} + 5\dfrac{7}{8} =$

② $6\dfrac{7}{8} + 2\dfrac{5}{8} =$

⑫ $6\dfrac{8}{9} + 4\dfrac{5}{9} =$

③ $4\dfrac{6}{7} + 5\dfrac{2}{7} =$

⑬ $1\dfrac{6}{12} + 3\dfrac{7}{12} =$

④ $5\dfrac{9}{11} + 3\dfrac{8}{11} =$

⑭ $8\dfrac{9}{16} + 5\dfrac{9}{16} =$

⑤ $2\dfrac{8}{13} + 7\dfrac{6}{13} =$

⑮ $4\dfrac{8}{14} + 2\dfrac{11}{14} =$

⑥ $6\dfrac{10}{17} + 4\dfrac{12}{17} =$

⑯ $1\dfrac{3}{21} + 9\dfrac{18}{21} =$

⑦ $10\dfrac{8}{15} + 5\dfrac{13}{15} =$

⑰ $6\dfrac{17}{19} + 9\dfrac{7}{19} =$

⑧ $11\dfrac{17}{22} + 2\dfrac{20}{22} =$

⑱ $7\dfrac{16}{23} + 6\dfrac{8}{23} =$

⑨ $4\dfrac{8}{24} + 9\dfrac{18}{24} =$

⑲ $3\dfrac{19}{27} + 4\dfrac{15}{27} =$

⑩ $7\dfrac{28}{36} + 6\dfrac{22}{36} =$

⑳ $9\dfrac{25}{39} + 3\dfrac{16}{39} =$

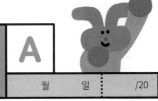
⭐ 계산 결과를 대분수로 나타내세요.

① $\dfrac{7}{9} + \dfrac{5}{9} = \dfrac{12}{9} = 1\dfrac{3}{9}$

대분수로!

② $\dfrac{1}{2} + \dfrac{1}{2} =$

③ $\dfrac{6}{10} + \dfrac{7}{10} =$

④ $\dfrac{9}{15} + \dfrac{7}{15} =$

⑤ $\dfrac{7}{11} + \dfrac{8}{11} =$

⑥ $\dfrac{9}{14} + \dfrac{8}{14} =$

⑦ $\dfrac{3}{22} + \dfrac{19}{22} =$

⑧ $\dfrac{27}{28} + \dfrac{7}{28} =$

⑨ $\dfrac{30}{31} + \dfrac{8}{31} =$

⑩ $\dfrac{26}{37} + \dfrac{16}{37} =$

⑪ $\dfrac{7}{8} + \dfrac{7}{8} =$

⑫ $\dfrac{8}{9} + \dfrac{6}{9} =$

⑬ $\dfrac{5}{6} + \dfrac{3}{6} =$

⑭ $\dfrac{8}{12} + \dfrac{11}{12} =$

⑮ $\dfrac{21}{23} + \dfrac{8}{23} =$

⑯ $\dfrac{8}{17} + \dfrac{12}{17} =$

⑰ $\dfrac{18}{27} + \dfrac{13}{27} =$

⑱ $\dfrac{28}{36} + \dfrac{24}{36} =$

⑲ $\dfrac{17}{22} + \dfrac{8}{22} =$

⑳ $\dfrac{32}{35} + \dfrac{12}{35} =$

분모가 같은 분수의 덧셈

B

월   일   /20

① $2\dfrac{5}{7} + 6\dfrac{6}{7} = 8 + 1\dfrac{4}{7} = 9\dfrac{4}{7}$ 　　（$\dfrac{11}{7} = 1\dfrac{4}{7}$, 8）

⑪ $5\dfrac{2}{5} + 1\dfrac{4}{5} =$

② $4\dfrac{8}{9} + 3\dfrac{2}{9} =$

⑫ $9\dfrac{7}{8} + 9\dfrac{5}{8} =$

③ $6\dfrac{2}{5} + 4\dfrac{4}{5} =$

⑬ $2\dfrac{5}{11} + 6\dfrac{9}{11} =$

④ $3\dfrac{8}{17} + 5\dfrac{11}{17} =$

⑭ $5\dfrac{8}{14} + 7\dfrac{7}{14} =$

⑤ $2\dfrac{9}{19} + 3\dfrac{17}{19} =$

⑮ $4\dfrac{9}{25} + 3\dfrac{18}{25} =$

⑥ $7\dfrac{15}{23} + 4\dfrac{19}{23} =$

⑯ $7\dfrac{6}{22} + 4\dfrac{21}{22} =$

⑦ $9\dfrac{15}{20} + 2\dfrac{5}{20} =$

⑰ $2\dfrac{23}{26} + 5\dfrac{5}{26} =$

⑧ $8\dfrac{18}{24} + 5\dfrac{9}{24} =$

⑱ $4\dfrac{27}{32} + 2\dfrac{9}{32} =$

⑨ $3\dfrac{4}{29} + 6\dfrac{26}{29} =$

⑲ $2\dfrac{16}{35} + 3\dfrac{19}{35} =$

⑩ $5\dfrac{21}{33} + 4\dfrac{18}{33} =$

⑳ $9\dfrac{25}{43} + 2\dfrac{23}{43} =$

75 단계

분모가 같은 분수의 뺄셈

▶ 학습계획 : 매일 공부할 날짜를 정하고, 계획에 맞게 공부하세요.

일차	1일차	2일차	3일차	4일차	5일차
날짜	/	/	/	/	/

▶ 학습연계 : 지금 무엇을 배우는지 확인하고, 이전에 배운 단계와 앞으로 배울 단계를 살펴보세요.

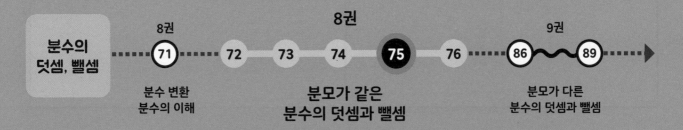

분수의
덧셈, 뺄셈

8권
71
분수 변환
분수의 이해

8권
72 73 74 **75** 76

분모가 같은
분수의 덧셈과 뺄셈

9권
86 89

분모가 다른
분수의 덧셈과 뺄셈

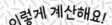

75 분모가 같은 분수의 뺄셈

분수 부분끼리 뺄 수 없을 때에는 자연수에서 1을 분수로 만들어요.

자연수와 분수의 뺄셈

자연수에서 1을 가분수로 만들어 분수끼리 뺄셈을 해요.

$$\boxed{3} - \frac{3}{4} = 2\boxed{\frac{4}{4}} - \frac{3}{4} = 2\frac{1}{4}$$

받아내림이 있는 대분수의 뺄셈

대분수의 뺄셈도 자연수는 자연수끼리, 분수는 분수끼리 뺄셈을 합니다.

분수끼리 뺄 수 없을 때에는 자연수에서 1을 가분수로 만들어 뺄셈을 해요.

$$\boxed{3\frac{1}{5}} - 1\frac{4}{5} = \boxed{2\frac{6}{5}} - 1\frac{4}{5} = 1\frac{2}{5}$$

$$2+1\frac{1}{5}=2+\frac{6}{5}$$

A (자연수)−(분수)	B (대분수)−(대분수)
$5 - 1\frac{1}{3} = 4\frac{3}{3} - 1\frac{1}{3}$ $= 3\frac{2}{3}$	$4\frac{2}{9} - 2\frac{7}{9} = 3\frac{11}{9} - 2\frac{7}{9}$ $= 1\frac{4}{9}$

① $2 - \dfrac{3}{5} = 1\dfrac{5}{5} - \dfrac{3}{5} = 1\dfrac{2}{5}$

      $1\overset{\frown}{}\dfrac{5}{5}$

② $1 - \dfrac{1}{2} =$

③ $1 - \dfrac{4}{7} =$

④ $3 - \dfrac{6}{13} =$

⑤ $4 - 2\dfrac{1}{3} =$

⑥ $3 - 1\dfrac{2}{5} =$

⑦ $5 - 2\dfrac{5}{7} =$

⑧ $4 - 1\dfrac{3}{10} =$

⑨ $7 - 3\dfrac{2}{11} =$

⑩ $6 - 2\dfrac{13}{15} =$

⑪ $4 - \dfrac{2}{9} =$

⑫ $3 - \dfrac{2}{3} =$

⑬ $5 - 1\dfrac{2}{7} =$

⑭ $8 - 2\dfrac{5}{9} =$

⑮ $7 - 3\dfrac{8}{12} =$

⑯ $6 - 2\dfrac{10}{13} =$

⑰ $4 - 1\dfrac{9}{15} =$

⑱ $5 - 3\dfrac{12}{14} =$

⑲ $8 - 4\dfrac{14}{16} =$

⑳ $9 - 2\dfrac{6}{20} =$

1 Day

분모가 같은 분수의 뺄셈

① $5\dfrac{2}{6} - 3\dfrac{4}{6} = 4\dfrac{8}{6} - 3\dfrac{4}{6} = 1\dfrac{4}{6}$

⑪ $8\dfrac{1}{4} - 5\dfrac{3}{4} =$

② $7\dfrac{3}{5} - 6\dfrac{4}{5} =$

⑫ $4\dfrac{2}{7} - 2\dfrac{4}{7} =$

③ $3\dfrac{3}{8} - 1\dfrac{5}{8} =$

⑬ $9\dfrac{5}{14} - 3\dfrac{9}{14} =$

④ $6\dfrac{4}{9} - 4\dfrac{7}{9} =$

⑭ $7\dfrac{3}{16} - 1\dfrac{15}{16} =$

⑤ $3\dfrac{1}{3} - 1\dfrac{2}{3} =$

⑮ $6\dfrac{10}{19} - 3\dfrac{16}{19} =$

⑥ $7\dfrac{4}{7} - 5\dfrac{6}{7} =$

⑯ $5\dfrac{1}{6} - 1\dfrac{5}{6} =$

⑦ $8\dfrac{4}{12} - 6\dfrac{9}{12} =$

⑰ $8\dfrac{4}{8} - 3\dfrac{7}{8} =$

⑧ $5\dfrac{7}{18} - 2\dfrac{9}{18} =$

⑱ $6\dfrac{4}{11} - 4\dfrac{6}{11} =$

⑨ $4\dfrac{11}{23} - 3\dfrac{18}{23} =$

⑲ $5\dfrac{9}{12} - 2\dfrac{11}{12} =$

⑩ $9\dfrac{15}{28} - 4\dfrac{20}{28} =$

⑳ $9\dfrac{12}{18} - 2\dfrac{17}{18} =$

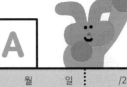
① $4 - \dfrac{5}{9} = 3\dfrac{9}{9} - \dfrac{5}{9} = 3\dfrac{4}{9}$

       $3 \quad \dfrac{9}{9}$

② $1 - \dfrac{2}{3} =$

③ $1 - \dfrac{4}{5} =$

④ $2 - \dfrac{1}{8} =$

⑤ $3 - 1\dfrac{2}{7} =$

⑥ $4 - 2\dfrac{1}{2} =$

⑦ $9 - 3\dfrac{5}{6} =$

⑧ $8 - 6\dfrac{7}{13} =$

⑨ $7 - 4\dfrac{6}{16} =$

⑩ $5 - 3\dfrac{14}{18} =$

⑪ $2 - \dfrac{2}{8} =$

⑫ $4 - \dfrac{4}{5} =$

⑬ $6 - 2\dfrac{7}{9} =$

⑭ $5 - 4\dfrac{3}{10} =$

⑮ $7 - 5\dfrac{8}{12} =$

⑯ $6 - 4\dfrac{8}{11} =$

⑰ $9 - 7\dfrac{2}{15} =$

⑱ $8 - 6\dfrac{5}{14} =$

⑲ $7 - 3\dfrac{9}{17} =$

⑳ $5 - 4\dfrac{4}{20} =$

① $7\dfrac{1}{3} - 4\dfrac{2}{3} = 6\dfrac{4}{3} - 4\dfrac{2}{3} = 2\dfrac{2}{3}$

② $6\dfrac{1}{5} - 1\dfrac{4}{5} =$

③ $3\dfrac{3}{9} - 2\dfrac{5}{9} =$

④ $9\dfrac{4}{11} - 4\dfrac{8}{11} =$

⑤ $5\dfrac{9}{14} - 3\dfrac{11}{14} =$

⑥ $7\dfrac{8}{17} - 6\dfrac{15}{17} =$

⑦ $8\dfrac{7}{21} - 4\dfrac{16}{21} =$

⑧ $5\dfrac{15}{23} - 1\dfrac{21}{23} =$

⑨ $2\dfrac{4}{20} - 1\dfrac{16}{20} =$

⑩ $6\dfrac{9}{19} - 3\dfrac{12}{19} =$

⑪ $6\dfrac{2}{5} - 2\dfrac{4}{5} =$

⑫ $3\dfrac{2}{8} - 2\dfrac{7}{8} =$

⑬ $7\dfrac{3}{13} - 5\dfrac{6}{13} =$

⑭ $4\dfrac{2}{17} - 2\dfrac{15}{17} =$

⑮ $8\dfrac{10}{15} - 3\dfrac{14}{15} =$

⑯ $5\dfrac{1}{3} - 1\dfrac{2}{3} =$

⑰ $8\dfrac{1}{9} - 1\dfrac{8}{9} =$

⑱ $6\dfrac{7}{15} - 4\dfrac{8}{15} =$

⑲ $3\dfrac{6}{16} - 1\dfrac{14}{16} =$

⑳ $9\dfrac{14}{17} - 3\dfrac{15}{17} =$

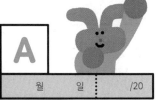
① $3 - \dfrac{3}{7} = 2\dfrac{7}{7} - \dfrac{3}{7} = 2\dfrac{4}{7}$

$2 \quad \dfrac{7}{7}$

② $1 - \dfrac{5}{8} =$

③ $1 - \dfrac{2}{9} =$

④ $6 - \dfrac{12}{15} =$

⑤ $5 - 2\dfrac{3}{5} =$

⑥ $4 - 1\dfrac{2}{6} =$

⑦ $3 - 2\dfrac{6}{7} =$

⑧ $5 - 2\dfrac{3}{14} =$

⑨ $6 - 3\dfrac{4}{28} =$

⑩ $8 - 4\dfrac{12}{26} =$

⑪ $2 - \dfrac{2}{4} =$

⑫ $5 - \dfrac{1}{6} =$

⑬ $4 - \dfrac{3}{5} =$

⑭ $6 - 2\dfrac{1}{3} =$

⑮ $3 - 1\dfrac{6}{9} =$

⑯ $7 - 5\dfrac{9}{12} =$

⑰ $9 - 4\dfrac{7}{15} =$

⑱ $8 - 6\dfrac{17}{19} =$

⑲ $5 - 4\dfrac{20}{22} =$

⑳ $6 - 2\dfrac{18}{24} =$

① $8\frac{4}{9} - 5\frac{7}{9} = 7\frac{13}{9} - 5\frac{7}{9} = 2\frac{6}{9}$

⑪ $9\frac{3}{8} - 7\frac{5}{8} =$

② $3\frac{2}{7} - 1\frac{4}{7} =$

⑫ $6\frac{2}{9} - 2\frac{6}{9} =$

③ $5\frac{2}{8} - 2\frac{7}{8} =$

⑬ $4\frac{5}{12} - 3\frac{7}{12} =$

④ $9\frac{2}{6} - 3\frac{5}{6} =$

⑭ $6\frac{6}{22} - 1\frac{17}{22} =$

⑤ $7\frac{9}{12} - 5\frac{11}{12} =$

⑮ $7\frac{12}{27} - 4\frac{16}{27} =$

⑥ $8\frac{4}{13} - 6\frac{9}{13} =$

⑯ $5\frac{1}{4} - 2\frac{2}{4} =$

⑦ $5\frac{7}{15} - 2\frac{13}{15} =$

⑰ $9\frac{2}{7} - 3\frac{6}{7} =$

⑧ $9\frac{11}{20} - 4\frac{18}{20} =$

⑱ $8\frac{8}{14} - 1\frac{9}{14} =$

⑨ $3\frac{14}{17} - 1\frac{15}{17} =$

⑲ $4\frac{7}{23} - 3\frac{22}{23} =$

⑩ $4\frac{8}{22} - 3\frac{16}{22} =$

⑳ $6\frac{15}{29} - 4\frac{27}{29} =$

① $4 - \dfrac{3}{4} = 3\dfrac{4}{4} - \dfrac{3}{4} = 3\dfrac{1}{4}$

② $1 - \dfrac{6}{7} =$

③ $1 - \dfrac{2}{4} =$

④ $10 - \dfrac{17}{24} =$

⑤ $8 - 4\dfrac{1}{7} =$

⑥ $4 - 2\dfrac{2}{6} =$

⑦ $6 - 2\dfrac{5}{8} =$

⑧ $7 - 1\dfrac{8}{11} =$

⑨ $5 - 3\dfrac{3}{24} =$

⑩ $9 - 6\dfrac{15}{27} =$

⑪ $2 - \dfrac{8}{9} =$

⑫ $4 - \dfrac{4}{6} =$

⑬ $5 - 4\dfrac{5}{12} =$

⑭ $7 - 3\dfrac{8}{17} =$

⑮ $8 - 2\dfrac{14}{23} =$

⑯ $6 - 5\dfrac{18}{26} =$

⑰ $9 - 7\dfrac{23}{30} =$

⑱ $4 - 3\dfrac{8}{19} =$

⑲ $3 - 1\dfrac{5}{14} =$

⑳ $7 - 2\dfrac{13}{15} =$

① $5\dfrac{2}{6} - 2\dfrac{5}{6} = 4\dfrac{8}{6} - 2\dfrac{5}{6} = 2\dfrac{3}{6}$

⑪ $8\dfrac{2}{5} - 3\dfrac{3}{5} =$

② $7\dfrac{3}{8} - 3\dfrac{5}{8} =$

⑫ $7\dfrac{2}{6} - 6\dfrac{4}{6} =$

③ $3\dfrac{4}{7} - 1\dfrac{6}{7} =$

⑬ $6\dfrac{5}{11} - 3\dfrac{6}{11} =$

④ $9\dfrac{1}{4} - 4\dfrac{3}{4} =$

⑭ $3\dfrac{4}{24} - 1\dfrac{15}{24} =$

⑤ $6\dfrac{7}{13} - 2\dfrac{11}{13} =$

⑮ $8\dfrac{11}{28} - 5\dfrac{12}{28} =$

⑥ $4\dfrac{8}{15} - 3\dfrac{14}{15} =$

⑯ $5\dfrac{1}{7} - 1\dfrac{5}{7} =$

⑦ $8\dfrac{10}{21} - 6\dfrac{16}{21} =$

⑰ $6\dfrac{3}{9} - 5\dfrac{7}{9} =$

⑧ $7\dfrac{7}{17} - 5\dfrac{15}{17} =$

⑱ $7\dfrac{5}{19} - 3\dfrac{8}{19} =$

⑨ $5\dfrac{21}{33} - 2\dfrac{30}{33} =$

⑲ $5\dfrac{8}{22} - 2\dfrac{21}{22} =$

⑩ $9\dfrac{15}{26} - 7\dfrac{22}{26} =$

⑳ $3\dfrac{17}{25} - 1\dfrac{23}{25} =$

분모가 같은 분수의 뺄셈

A

월 일 /20

① $10 - \dfrac{2}{3} = 9\dfrac{3}{3} - \dfrac{2}{3} = 9\dfrac{1}{3}$

      $9\quad\dfrac{3}{3}$

② $1 - \dfrac{1}{10} =$

③ $1 - \dfrac{8}{9} =$

④ $3 - \dfrac{3}{8} =$

⑤ $5 - 4\dfrac{3}{7} =$

⑥ $8 - 5\dfrac{1}{6} =$

⑦ $5 - 3\dfrac{4}{9} =$

⑧ $4 - 2\dfrac{4}{17} =$

⑨ $7 - 2\dfrac{11}{23} =$

⑩ $6 - 3\dfrac{22}{28} =$

⑪ $3 - \dfrac{4}{8} =$

⑫ $5 - \dfrac{1}{2} =$

⑬ $3 - \dfrac{4}{9} =$

⑭ $7 - 4\dfrac{5}{8} =$

⑮ $8 - 5\dfrac{3}{7} =$

⑯ $6 - 3\dfrac{7}{12} =$

⑰ $9 - 6\dfrac{3}{18} =$

⑱ $4 - 1\dfrac{14}{16} =$

⑲ $7 - 3\dfrac{17}{21} =$

⑳ $5 - 2\dfrac{19}{25} =$

5 Day ▷ 분모가 같은 분수의 뺄셈 B

월   일   /20

① $9\dfrac{2}{9} - 6\dfrac{8}{9} = 8\dfrac{11}{9} - 6\dfrac{8}{9} = 2\dfrac{3}{9}$ ⑪ $9\dfrac{2}{4} - 7\dfrac{3}{4} =$

② $5\dfrac{4}{7} - 1\dfrac{5}{7} =$ ⑫ $4\dfrac{3}{8} - 1\dfrac{6}{8} =$

③ $7\dfrac{1}{6} - 3\dfrac{5}{6} =$ ⑬ $7\dfrac{5}{14} - 5\dfrac{7}{14} =$

④ $8\dfrac{2}{8} - 4\dfrac{7}{8} =$ ⑭ $9\dfrac{3}{26} - 8\dfrac{25}{26} =$

⑤ $6\dfrac{7}{10} - 2\dfrac{9}{10} =$ ⑮ $4\dfrac{18}{30} - 1\dfrac{23}{30} =$

⑥ $4\dfrac{8}{13} - 1\dfrac{11}{13} =$ ⑯ $8\dfrac{1}{5} - 4\dfrac{4}{5} =$

⑦ $9\dfrac{14}{25} - 6\dfrac{23}{25} =$ ⑰ $5\dfrac{4}{7} - 2\dfrac{6}{7} =$

⑧ $7\dfrac{14}{19} - 5\dfrac{16}{19} =$ ⑱ $8\dfrac{8}{17} - 1\dfrac{9}{17} =$

⑨ $8\dfrac{18}{24} - 3\dfrac{21}{24} =$ ⑲ $4\dfrac{6}{29} - 2\dfrac{27}{29} =$

⑩ $5\dfrac{24}{32} - 4\dfrac{29}{32} =$ ⑳ $9\dfrac{25}{35} - 3\dfrac{32}{35} =$

76 단계

분모가 같은 분수의 덧셈과 뺄셈 종합

▶ **학습계획** : 매일 공부할 날짜를 정하고, 계획에 맞게 공부하세요.

일차	1일차	2일차	3일차	4일차	5일차
날짜	/	/	/	/	/

▶ **학습연계** : 지금 무엇을 배우는지 확인하고, 이전에 배운 단계와 앞으로 배울 단계를 살펴보세요.

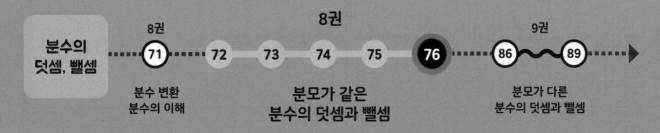

분수의 덧셈, 뺄셈

8권
71
분수 변환
분수의 이해

8권
72 73 74 75 **76**
분모가 같은
분수의 덧셈과 뺄셈

9권
86 89
분모가 다른
분수의 덧셈과 뺄셈

76 분모가 같은 분수의 덧셈과 뺄셈 종합

분모는 그대로 쓰고, 자연수는 자연수끼리, 분수는 분수끼리 계산해요!

분모가 같은 분수의 덧셈과 뺄셈은 9권 86단계부터 배우게 될 분모가 다른 분수의 덧셈과 뺄셈의 기초가 되므로 계산 방법을 정확하게 알고 있어야 해요. 앞에서 공부한 내용을 정리해 볼까요?

계산 방법

❶ 분모는 그대로 두고 분자끼리만 더하거나 빼요.
❷ 분수의 덧셈에서 계산 결과가 가분수이면 대분수로 바꾸어 써요.
❸ 대분수의 계산에서 자연수는 자연수끼리, 분수는 분수끼리 계산해요.
❹ 대분수의 뺄셈에서 분수끼리 뺄 수 없을 때에는 자연수에서 1을 가분수로 바꾸어 계산해요.

A

분수의 덧셈

- $\dfrac{1}{5} + \dfrac{2}{5} = \dfrac{3}{5}$

- $\dfrac{4}{6} + \dfrac{5}{6} = \dfrac{9}{6} = 1\dfrac{3}{6}$

- $2\dfrac{1}{4} + 3\dfrac{2}{4} = 5\dfrac{3}{4}$

- $4\dfrac{5}{7} + 2\dfrac{4}{7} = 6\dfrac{9}{7} = 7\dfrac{2}{7}$

B

분수의 뺄셈

- $\dfrac{7}{8} - \dfrac{3}{8} = \dfrac{4}{8}$

- $5\dfrac{5}{7} - 2\dfrac{1}{7} = 3\dfrac{4}{7}$

- $8 - 2\dfrac{3}{9} = 7\dfrac{9}{9} - 2\dfrac{3}{9} = 5\dfrac{6}{9}$

- $4\dfrac{2}{5} - \dfrac{4}{5} = 3\dfrac{7}{5} - \dfrac{4}{5} = 3\dfrac{3}{5}$

① $\dfrac{2}{3} + \dfrac{1}{3} =$

② $\dfrac{1}{4} + \dfrac{2}{4} =$

③ $\dfrac{5}{7} + \dfrac{3}{7} =$

④ $\dfrac{5}{8} + \dfrac{1}{8} =$

⑤ $\dfrac{3}{9} + 4\dfrac{4}{9} =$

⑥ $\dfrac{7}{10} + 3\dfrac{8}{10} =$

⑦ $\dfrac{11}{12} + 1\dfrac{9}{12} =$

⑧ $8\dfrac{2}{6} + \dfrac{3}{6} =$

⑨ $2\dfrac{2}{5} + \dfrac{3}{5} =$

⑩ $3\dfrac{5}{13} + \dfrac{3}{13} =$

⑪ $\dfrac{7}{16} + 4 =$

⑫ $4 + 2\dfrac{1}{2} =$

⑬ $5\dfrac{1}{5} + 2\dfrac{2}{5} =$

⑭ $1\dfrac{5}{6} + 1\dfrac{5}{6} =$

⑮ $7\dfrac{10}{11} + 2\dfrac{8}{11} =$

⑯ $1\dfrac{9}{14} + 1\dfrac{6}{14} =$

⑰ $5\dfrac{9}{15} + 1\dfrac{9}{15} =$

⑱ $4\dfrac{13}{16} + 1\dfrac{8}{16} =$

⑲ $3\dfrac{3}{17} + 2\dfrac{11}{17} =$

⑳ $2\dfrac{11}{19} + 3\dfrac{15}{19} =$

① $\dfrac{2}{3} - \dfrac{1}{3} =$

② $\dfrac{4}{5} - \dfrac{3}{5} =$

③ $\dfrac{5}{6} - \dfrac{2}{6} =$

④ $\dfrac{6}{7} - \dfrac{2}{7} =$

⑤ $3 - \dfrac{5}{9} =$

⑥ $1 - \dfrac{8}{11} =$

⑦ $5 - 1\dfrac{1}{2} =$

⑧ $6 - 4\dfrac{13}{16} =$

⑨ $7\dfrac{5}{7} - 4 =$

⑩ $9\dfrac{17}{22} - 5 =$

⑪ $4\dfrac{1}{4} - \dfrac{2}{4} =$

⑫ $8\dfrac{11}{13} - \dfrac{5}{13} =$

⑬ $1\dfrac{16}{20} - \dfrac{19}{20} =$

⑭ $5\dfrac{3}{8} - 1\dfrac{3}{8} =$

⑮ $2\dfrac{7}{12} - 1\dfrac{5}{12} =$

⑯ $7\dfrac{8}{15} - 4\dfrac{12}{15} =$

⑰ $5\dfrac{7}{16} - 1\dfrac{11}{16} =$

⑱ $4\dfrac{9}{17} - 2\dfrac{3}{17} =$

⑲ $3\dfrac{5}{18} - 1\dfrac{8}{18} =$

⑳ $3\dfrac{1}{20} - 2\dfrac{18}{20} =$

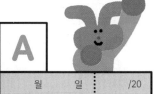
① $\dfrac{2}{4} + \dfrac{1}{4} =$

② $\dfrac{1}{5} + \dfrac{2}{5} =$

③ $\dfrac{6}{7} + \dfrac{4}{7} =$

④ $\dfrac{7}{9} + \dfrac{5}{9} =$

⑤ $\dfrac{2}{6} + 7\dfrac{3}{6} =$

⑥ $\dfrac{1}{8} + 5\dfrac{5}{8} =$

⑦ $\dfrac{19}{23} + 1\dfrac{16}{23} =$

⑧ $4\dfrac{7}{12} + \dfrac{5}{12} =$

⑨ $2\dfrac{7}{20} + \dfrac{17}{20} =$

⑩ $3\dfrac{20}{21} + \dfrac{8}{21} =$

⑪ $9 + \dfrac{2}{7} =$

⑫ $3\dfrac{5}{10} + 6 =$

⑬ $2\dfrac{2}{3} + 1\dfrac{2}{3} =$

⑭ $2\dfrac{7}{10} + 3\dfrac{3}{10} =$

⑮ $1\dfrac{5}{11} + 1\dfrac{4}{11} =$

⑯ $1\dfrac{12}{14} + 4\dfrac{11}{14} =$

⑰ $3\dfrac{13}{15} + 2\dfrac{9}{15} =$

⑱ $9\dfrac{6}{16} + 4\dfrac{15}{16} =$

⑲ $5\dfrac{9}{18} + 1\dfrac{13}{18} =$

⑳ $3\dfrac{11}{19} + 4\dfrac{15}{19} =$

① $\dfrac{3}{4} - \dfrac{2}{4} =$

② $\dfrac{4}{5} - \dfrac{1}{5} =$

③ $\dfrac{5}{6} - \dfrac{4}{6} =$

④ $\dfrac{5}{9} - \dfrac{2}{9} =$

⑤ $1 - \dfrac{7}{8} =$

⑥ $4 - \dfrac{10}{12} =$

⑦ $5 - 1\dfrac{8}{13} =$

⑧ $3 - 2\dfrac{3}{20} =$

⑨ $8\dfrac{3}{6} - 2 =$

⑩ $3\dfrac{16}{18} - 1 =$

⑪ $9\dfrac{17}{19} - \dfrac{13}{19} =$

⑫ $6\dfrac{13}{21} - \dfrac{17}{21} =$

⑬ $4\dfrac{14}{23} - \dfrac{18}{23} =$

⑭ $5\dfrac{25}{26} - \dfrac{12}{26} =$

⑮ $3\dfrac{4}{11} - 1\dfrac{10}{11} =$

⑯ $6\dfrac{4}{13} - 2\dfrac{8}{13} =$

⑰ $7\dfrac{12}{14} - 4\dfrac{5}{14} =$

⑱ $7\dfrac{3}{15} - 5\dfrac{13}{15} =$

⑲ $5\dfrac{5}{16} - 1\dfrac{3}{16} =$

⑳ $5\dfrac{1}{17} - 3\dfrac{14}{17} =$

3 Day → 분모가 같은 분수의 덧셈과 뺄셈 종합

A

월   일   /20

① $\dfrac{1}{3} + \dfrac{1}{3} =$

② $\dfrac{3}{5} + \dfrac{1}{5} =$

③ $\dfrac{9}{12} + \dfrac{7}{12} =$

④ $\dfrac{14}{23} + \dfrac{17}{23} =$

⑤ $\dfrac{4}{6} + 5\dfrac{1}{6} =$

⑥ $\dfrac{12}{16} + 7\dfrac{15}{16} =$

⑦ $\dfrac{18}{21} + 2\dfrac{10}{21} =$

⑧ $3\dfrac{5}{8} + \dfrac{2}{8} =$

⑨ $1\dfrac{11}{13} + \dfrac{3}{13} =$

⑩ $3\dfrac{17}{22} + \dfrac{13}{22} =$

⑪ $\dfrac{17}{30} + 4 =$

⑫ $7 + 1\dfrac{19}{24} =$

⑬ $11\dfrac{3}{4} + 5\dfrac{3}{4} =$

⑭ $1\dfrac{9}{11} + 1\dfrac{3}{11} =$

⑮ $1\dfrac{5}{14} + 2\dfrac{7}{14} =$

⑯ $4\dfrac{12}{15} + 1\dfrac{2}{15} =$

⑰ $2\dfrac{11}{17} + 2\dfrac{8}{17} =$

⑱ $1\dfrac{7}{18} + 5\dfrac{16}{18} =$

⑲ $6\dfrac{14}{19} + 2\dfrac{18}{19} =$

⑳ $2\dfrac{21}{25} + 4\dfrac{13}{25} =$

① $\dfrac{4}{5} - \dfrac{2}{5} =$

② $\dfrac{3}{4} - \dfrac{1}{4} =$

③ $\dfrac{5}{7} - \dfrac{1}{7} =$

④ $\dfrac{5}{8} - \dfrac{3}{8} =$

⑤ $2 - \dfrac{2}{9} =$

⑥ $4 - \dfrac{7}{16} =$

⑦ $5 - 2\dfrac{8}{11} =$

⑧ $3 - 1\dfrac{7}{15} =$

⑨ $2\dfrac{10}{13} - 1 =$

⑩ $9\dfrac{11}{24} - 3 =$

⑪ $4\dfrac{17}{22} - \dfrac{9}{22} =$

⑫ $3\dfrac{7}{24} - \dfrac{15}{24} =$

⑬ $6\dfrac{12}{25} - \dfrac{18}{25} =$

⑭ $5\dfrac{23}{27} - \dfrac{15}{27} =$

⑮ $7\dfrac{8}{17} - 3\dfrac{14}{17} =$

⑯ $2\dfrac{8}{18} - 1\dfrac{11}{18} =$

⑰ $3\dfrac{16}{19} - 1\dfrac{6}{19} =$

⑱ $9\dfrac{7}{20} - 1\dfrac{19}{20} =$

⑲ $6\dfrac{4}{21} - 1\dfrac{5}{21} =$

⑳ $4\dfrac{19}{30} - 2\dfrac{23}{30} =$

분모가 같은 분수의 덧셈과 뺄셈 종합

① $\dfrac{4}{8} + \dfrac{2}{8} =$

② $\dfrac{3}{7} + \dfrac{2}{7} =$

③ $\dfrac{3}{10} + \dfrac{9}{10} =$

④ $\dfrac{8}{13} + \dfrac{9}{13} =$

⑤ $\dfrac{1}{2} + 1\dfrac{1}{2} =$

⑥ $\dfrac{1}{4} + 7\dfrac{1}{4} =$

⑦ $\dfrac{25}{26} + 1\dfrac{9}{26} =$

⑧ $3\dfrac{2}{9} + \dfrac{1}{9} =$

⑨ $5\dfrac{6}{11} + \dfrac{8}{11} =$

⑩ $4\dfrac{5}{12} + \dfrac{7}{12} =$

⑪ $6 + \dfrac{2}{3} =$

⑫ $5\dfrac{4}{6} + 2 =$

⑬ $5\dfrac{4}{5} + 4\dfrac{3}{5} =$

⑭ $2\dfrac{5}{6} + 7\dfrac{5}{6} =$

⑮ $1\dfrac{7}{9} + 1\dfrac{1}{9} =$

⑯ $1\dfrac{8}{15} + 4\dfrac{4}{15} =$

⑰ $2\dfrac{9}{16} + 5\dfrac{14}{16} =$

⑱ $1\dfrac{15}{17} + 3\dfrac{15}{17} =$

⑲ $3\dfrac{12}{19} + 2\dfrac{11}{19} =$

⑳ $4\dfrac{14}{27} + 2\dfrac{19}{27} =$

① $\dfrac{1}{2} - \dfrac{1}{2} =$

② $\dfrac{2}{6} - \dfrac{1}{6} =$

③ $\dfrac{3}{5} - \dfrac{1}{5} =$

④ $\dfrac{7}{8} - \dfrac{3}{8} =$

⑤ $1 - \dfrac{2}{7} =$

⑥ $2 - \dfrac{9}{14} =$

⑦ $3 - 2\dfrac{10}{13} =$

⑧ $7 - 4\dfrac{8}{15} =$

⑨ $3\dfrac{13}{16} - 2 =$

⑩ $4\dfrac{24}{27} - 1 =$

⑪ $5\dfrac{19}{21} - \dfrac{8}{21} =$

⑫ $10\dfrac{15}{22} - \dfrac{14}{22} =$

⑬ $8\dfrac{17}{27} - \dfrac{21}{27} =$

⑭ $9\dfrac{17}{28} - \dfrac{26}{28} =$

⑮ $2\dfrac{14}{17} - 1\dfrac{5}{17} =$

⑯ $6\dfrac{7}{18} - 3\dfrac{17}{18} =$

⑰ $5\dfrac{7}{19} - 2\dfrac{6}{19} =$

⑱ $7\dfrac{3}{20} - 5\dfrac{9}{20} =$

⑲ $4\dfrac{2}{23} - 1\dfrac{4}{23} =$

⑳ $8\dfrac{8}{25} - 2\dfrac{24}{25} =$

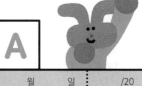
① $\dfrac{2}{5} + \dfrac{2}{5} =$

② $\dfrac{3}{6} + \dfrac{1}{6} =$

③ $\dfrac{7}{10} + \dfrac{3}{10} =$

④ $\dfrac{11}{15} + \dfrac{7}{15} =$

⑤ $\dfrac{3}{8} + 2\dfrac{1}{8} =$

⑥ $\dfrac{6}{13} + 1\dfrac{10}{13} =$

⑦ $\dfrac{13}{17} + 2\dfrac{7}{17} =$

⑧ $7\dfrac{3}{9} + \dfrac{3}{9} =$

⑨ $4\dfrac{4}{11} + \dfrac{8}{11} =$

⑩ $6\dfrac{17}{19} + \dfrac{6}{19} =$

⑪ $\dfrac{17}{30} + 9 =$

⑫ $3 + 2\dfrac{4}{7} =$

⑬ $2\dfrac{2}{3} + 2\dfrac{2}{3} =$

⑭ $1\dfrac{2}{4} + 2\dfrac{2}{4} =$

⑮ $4\dfrac{9}{16} + 3\dfrac{3}{16} =$

⑯ $1\dfrac{15}{18} + 2\dfrac{2}{18} =$

⑰ $4\dfrac{13}{21} + 1\dfrac{19}{21} =$

⑱ $5\dfrac{8}{23} + 1\dfrac{21}{23} =$

⑲ $3\dfrac{15}{29} + 2\dfrac{14}{29} =$

⑳ $1\dfrac{16}{35} + 3\dfrac{22}{35} =$

① $\dfrac{2}{4} - \dfrac{1}{4} =$

② $\dfrac{4}{9} - \dfrac{2}{9} =$

③ $\dfrac{5}{6} - \dfrac{3}{6} =$

④ $\dfrac{6}{7} - \dfrac{4}{7} =$

⑤ $1 - \dfrac{3}{8} =$

⑥ $2 - \dfrac{7}{10} =$

⑦ $5 - 2\dfrac{6}{9} =$

⑧ $4 - 3\dfrac{9}{11} =$

⑨ $8\dfrac{2}{4} - 1 =$

⑩ $6\dfrac{23}{24} - 2 =$

⑪ $3\dfrac{11}{16} - \dfrac{11}{16} =$

⑫ $2\dfrac{14}{21} - \dfrac{10}{21} =$

⑬ $5\dfrac{18}{23} - \dfrac{22}{23} =$

⑭ $2\dfrac{16}{25} - \dfrac{24}{25} =$

⑮ $6\dfrac{7}{12} - 4\dfrac{5}{12} =$

⑯ $3\dfrac{12}{14} - 1\dfrac{7}{14} =$

⑰ $4\dfrac{6}{19} - 3\dfrac{12}{19} =$

⑱ $5\dfrac{4}{20} - 1\dfrac{18}{20} =$

⑲ $8\dfrac{2}{27} - 2\dfrac{6}{27} =$

⑳ $9\dfrac{5}{29} - 3\dfrac{26}{29} =$

77단계

자릿수가 같은 소수의 덧셈과 뺄셈

▶ 학습계획 : 매일 공부할 날짜를 정하고, 계획에 맞게 공부하세요.

일차	1일차	2일차	3일차	4일차	5일차
날짜	/	/	/	/	/

▶ 학습연계 : 지금 무엇을 배우는지 확인하고, 이전에 배운 단계와 앞으로 배울 단계를 살펴보세요.

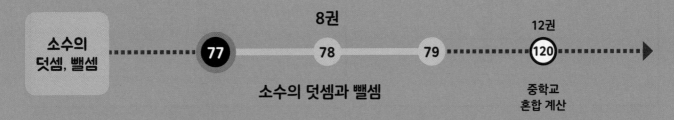

 **77 자릿수가 같은 소수의 덧셈과 뺄셈**

소수점을 기준으로 자리를 맞춰 쓰고 계산해요.

소수의 덧셈과 뺄셈은
❶ 소수점을 기준으로 각 자리의 숫자를 맞추어 씁니다.
❷ 자연수의 덧셈, 뺄셈과 같이 각 자리에 맞추어 오른쪽부터 순서대로 계산합니다.
❸ 계산 결과에 소수점을 찍습니다.

소수의 덧셈

❶ 소수점을 기준으로 자리를 맞춰 써요.
❷ 자연수와 같은 방법으로 더해요.
❸ 계산 결과에 소수점을 그대로 내려 찍어요.

소수의 뺄셈

❶ 소수점을 기준으로 자리를 맞춰 써요.
❷ 자연수와 같은 방법으로 빼요.
❸ 계산 결과에 소수점을 그대로 내려 찍어요.

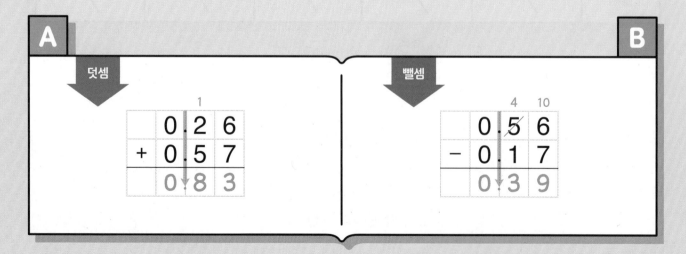

A 덧셈

B 뺄셈

자릿수가 같은 소수의 덧셈과 뺄셈

A

월   일   /18

①
```
    0.2
+   0.3
────────
    0.5
```

②
```
    0.6
+   0.8
────────
```

③
```
    0.3
+   0.7
────────
```

④
```
    1.4
+   1.3
────────
```

⑤
```
    4.5
+   3.6
────────
```

⑥
```
    6.8
+   7.9
────────
```

⑦
```
     7.2
+  5 3.7
────────
```

⑧
```
   1 2.4
+    8.1
────────
```

⑨
```
   2 4.5
+    2.6
────────
```

⑩
```
     4.7
+  2 9.8
────────
```

⑪
```
   1 2.5
+  2 4.7
────────
```

⑫
```
   4 8.6
+  5 1.4
────────
```

⑬
```
    0.1 5
+   0.4 3
────────
```

⑭
```
    0.3 7
+   0.5 4
────────
```

⑮
```
    0.7 5
+   0.2 9
────────
```

⑯
```
    3.6 2
+   2.0 7
────────
```

⑰
```
    1.5 8
+   6.9 6
────────
```

⑱
```
    9.8 9
+   2.2 4
────────
```

①
```
   0.5
-  0.2
   0.3
```

②
```
   0.8
-  0.4
```

③
```
   1.2
-  0.7
```

④
```
   1.3
-  0.3
```

⑤
```
   2.7
-  0.8
```

⑥
```
   2.4
-  1.9
```

⑦
```
   48.6
-   6.2
```

⑧
```
   56.5
-   9.7
```

⑨
```
   27.3
-   7.6
```

⑩
```
   25.6
-  13.4
```

⑪
```
   38.2
-  17.5
```

⑫
```
   84.4
-  29.8
```

⑬
```
   0.46
-  0.25
```

⑭
```
   0.73
-  0.09
```

⑮
```
   0.51
-  0.14
```

⑯
```
   6.37
-  0.82
```

⑰
```
   8.75
-  1.99
```

⑱
```
   6.65
-  3.68
```

①
```
    0 . 4
+   0 . 2
─────────
    0 . 6
```

②
```
    0 . 8
+   0 . 9
─────────
```

③
```
    0 . 6
+   0 . 6
─────────
```

④
```
    2 . 2
+   5 . 9
─────────
```

⑤
```
    1 . 2
+   0 . 8
─────────
```

⑥
```
    4 . 7
+   9 . 8
─────────
```

⑦
```
  1 7 . 2
+   6 . 3
─────────
```

⑧
```
    9 . 5
+ 1 4 . 4
─────────
```

⑨
```
  9 6 . 4
+   8 . 9
─────────
```

⑩
```
    7 . 2
+ 4 5 . 8
─────────
```

⑪
```
  8 7 . 6
+ 3 4 . 2
─────────
```

⑫
```
  3 2 . 4
+ 1 7 . 7
─────────
```

⑬
```
  0 . 8 9
+ 0 . 0 6
─────────
```

⑭
```
  0 . 3 4
+ 0 . 7 5
─────────
```

⑮
```
  0 . 5 7
+ 0 . 6 7
─────────
```

⑯
```
  0 . 7 6
+ 7 . 6 8
─────────
```

⑰
```
  2 . 7 8
+ 5 . 6 4
─────────
```

⑱
```
  9 . 5 7
+ 5 . 9 5
─────────
```

2 Day

자릿수가 같은 소수의 덧셈과 뺄셈

B

월   일   /18

①
```
    0.2
 -  0.1
    0.1
```

②
```
    0.9
 -  0.6
```

③
```
    1.7
 -  0.9
```

④
```
    1.4
 -  0.8
```

⑤
```
    3.1
 -  0.4
```

⑥
```
    4.6
 -  2.9
```

⑦
```
    5 9.8
 -    7.4
```

⑧
```
    3 6.3
 -    5.8
```

⑨
```
    1 4.6
 -    5.7
```

⑩
```
    3 5.2
 -  1 0.9
```

⑪
```
    3 2.4
 -  2 7.5
```

⑫
```
    9 6.5
 -  5 7.8
```

⑬
```
    0.8 9
 -  0.1 6
```

⑭
```
    0.6 4
 -  0.5 5
```

⑮
```
    0.9 2
 -  0.3 4
```

⑯
```
    5.2 5
 -  2.0 7
```

⑰
```
    6.6 8
 -  0.7 5
```

⑱
```
    8.6 4
 -  3.5 7
```

①
```
    0 . 1
  + 0 . 1
    0 . 2
```

②
```
    0 . 5
  + 0 . 6
```

③
```
    0 . 9
  + 0 . 7
```

④
```
    3 . 2
  + 4 . 6
```

⑤
```
    6 . 8
  + 1 . 4
```

⑥
```
    9 . 6
  + 2 . 7
```

⑦
```
  2 0 . 8
  +   9 . 2
```

⑧
```
    6 . 6
  + 5 8 . 4
```

⑨
```
  4 3 . 9
  +   8 . 2
```

⑩
```
    5 . 7
  + 9 4 . 8
```

⑪
```
  3 2 . 7
  + 9 9 . 6
```

⑫
```
  7 4 . 5
  + 7 9 . 9
```

⑬
```
  0 . 1 5
  + 0 . 2 6
```

⑭
```
  0 . 0 9
  + 0 . 7 5
```

⑮
```
  0 . 8 7
  + 0 . 6 8
```

⑯
```
  9 . 3 5
  + 0 . 7 7
```

⑰
```
  6 . 4 8
  + 5 . 7 3
```

⑱
```
  4 . 6 2
  + 8 . 9 8
```

3 Day 자릿수가 같은 소수의 덧셈과 뺄셈   B

월 일 /18

①
```
    0.4
 -  0.2
    0.2
```

②
```
    0.5
 -  0.5
```

③
```
    1.1
 -  0.8
```

④
```
    1.9
 -  1.4
```

⑤
```
    2.2
 -  1.9
```

⑥
```
    5.6
 -  2.8
```

⑦
```
   1 5.3
 -   7.1
```

⑧
```
   9 4.4
 -   5.6
```

⑨
```
   4 0.8
 -   1.9
```

⑩
```
   8 2.5
 - 3 0.6
```

⑪
```
   5 1.4
 - 3 8.6
```

⑫
```
   7 6.3
 - 5 6.8
```

⑬
```
    0.7 4
 -  0.3 2
```

⑭
```
    0.5 8
 -  0.0 8
```

⑮
```
    0.8 7
 -  0.6 8
```

⑯
```
    7.6 5
 -  5.5 6
```

⑰
```
    6.0 7
 -  2.1 4
```

⑱
```
    2.3 8
 -  1.9 9
```

①
```
    0.5
+   0.3
─────────
    0.8
```

②
```
    0.4
+   0.8
─────────
```

③
```
    0.6
+   0.4
─────────
```

④
```
    3.7
+   6.1
─────────
```

⑤
```
    0.2
+   1.9
─────────
```

⑥
```
    8.5
+   8.5
─────────
```

⑦
```
   1 7.1
+    6.9
─────────
```

⑧
```
     9.3
+  3 4.2
─────────
```

⑨
```
  9 5.9
+   8.4
─────────
```

⑩
```
     4.5
+  4 5.8
─────────
```

⑪
```
   1 6.5
+  1 2.5
─────────
```

⑫
```
   5 5.8
+  9 8.6
─────────
```

⑬
```
    0.4 4
+   0.3 7
─────────
```

⑭
```
    0.6 5
+   0.7 9
─────────
```

⑮
```
    0.9 9
+   0.8 6
─────────
```

⑯
```
    4.3 6
+   0.1 8
─────────
```

⑰
```
    6.7 6
+   6.5 6
─────────
```

⑱
```
    9.0 2
+   3.1 8
─────────
```

①
```
    0.7
 -  0.6
    0.1
```

②
```
    0.8
 -  0.5
```

③
```
    1.3
 -  0.9
```

④
```
    2.6
 -  1.7
```

⑤
```
    5.1
 -  4.6
```

⑥
```
    7.3
 -  1.8
```

⑦
```
   5 9.9
 -   4.6
```

⑧
```
   2 1.7
 -   4.8
```

⑨
```
   8 4.5
 -   7.7
```

⑩
```
   4 2.2
 - 1 2.4
```

⑪
```
   6 1.8
 - 6 0.9
```

⑫
```
   5 9.4
 - 1 9.5
```

⑬
```
   0.5 7
 - 0.3 2
```

⑭
```
   0.6 4
 - 0.2 9
```

⑮
```
   0.4 4
 - 0.3 7
```

⑯
```
   8.5 6
 - 4.0 6
```

⑰
```
   9.6 4
 - 6.5 8
```

⑱
```
   3.0 1
 - 2.8 9
```

5 Day

자릿수가 같은 소수의 덧셈과 뺄셈

A

월   일   /18

①
```
    0.2
+   0.5
─────────
    0.7
```

②
```
    0.9
+   0.4
─────────
```

③
```
    0.3
+   0.8
─────────
```

④
```
    5.4
+   4.7
─────────
```

⑤
```
    1.3
+   2.7
─────────
```

⑥
```
    5.9
+   9.4
─────────
```

⑦
```
   4 5.2
+    8.4
─────────
```

⑧
```
     9.5
+  3 5.5
─────────
```

⑨
```
   5 0.7
+    5.4
─────────
```

⑩
```
     7.8
+  8 4.6
─────────
```

⑪
```
   2 5.4
+  6 6.8
─────────
```

⑫
```
   8 7.6
+  5 8.9
─────────
```

⑬
```
    0.6 3
+   0.2 4
─────────
```

⑭
```
    0.7 5
+   0.2 9
─────────
```

⑮
```
    0.4 8
+   0.8 3
─────────
```

⑯
```
    6.0 2
+   0.1 8
─────────
```

⑰
```
    9.5 5
+   7.5 9
─────────
```

⑱
```
    5.8 9
+   6.5 2
─────────
```

①
```
    0.6
  - 0.3
  ─────
    0.3
```

②
```
    0.9
  - 0.2
  ─────
```

③
```
    1.5
  - 0.7
  ─────
```

④
```
    2.8
  - 0.9
  ─────
```

⑤
```
    6.3
  - 3.3
  ─────
```

⑥
```
    8.5
  - 6.7
  ─────
```

⑦
```
    2 9.4
  -   5.1
  ───────
```

⑧
```
    8 4.3
  -   6.2
  ───────
```

⑨
```
    6 8.2
  -   8.9
  ───────
```

⑩
```
    4 5.5
  -   4.8
  ───────
```

⑪
```
    9 7.6
  - 3 8.9
  ───────
```

⑫
```
    5 1.5
  - 4 6.7
  ───────
```

⑬
```
    0.9 8
  - 0.6 5
  ───────
```

⑭
```
    0.3 6
  - 0.1 7
  ───────
```

⑮
```
    0.9 4
  - 0.2 6
  ───────
```

⑯
```
    6.7 3
  - 5.2 8
  ───────
```

⑰
```
    4.2 5
  - 0.6 8
  ───────
```

⑱
```
    8.3 6
  - 7.4 9
  ───────
```

78
단계

자릿수가 다른
소수의 덧셈

▶ 학습계획 : 매일 공부할 날짜를 정하고, 계획에 맞게 공부하세요.

일차	1일차	2일차	3일차	4일차	5일차
날짜	/	/	/	/	/

▶ 학습연계 : 지금 무엇을 배우는지 확인하고, 이전에 배운 단계와 앞으로 배울 단계를 살펴보세요.

소수의
덧셈, 뺄셈

8권
77 — 78 — 79

12권
120

소수의 덧셈과 뺄셈

중학교
혼합 계산

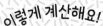

78 자릿수가 다른 소수의 덧셈

소수의 덧셈은 반드시 **소수점을 기준**으로 자리를 맞춘 후 계산해요.

두 소수의 소수점 아래 자릿수가 달라도 항상 소수점을 기준으로 각 자리의 숫자를 맞춰서 쓴 후 계산해야 해요. 소수점 아래 끝에 0을 써서 자릿수를 맞출 수 있기 때문이에요.

(소수 두 자리 수)+(소수 한 자리 수)

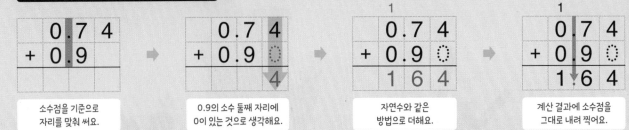

소수점을 기준으로 자리를 맞춰 써요.

0.9의 소수 둘째 자리에 0이 있는 것으로 생각해요.

자연수와 같은 방법으로 더해요.

계산 결과에 소수점을 그대로 내려 찍어요.

(소수 한 자리 수)+(소수 두 자리 수)

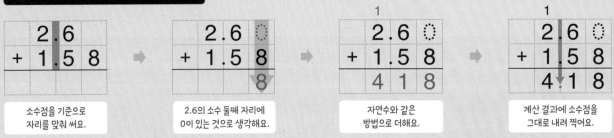

소수점을 기준으로 자리를 맞춰 써요.

2.6의 소수 둘째 자리에 0이 있는 것으로 생각해요.

자연수와 같은 방법으로 더해요.

계산 결과에 소수점을 그대로 내려 찍어요.

A 세로셈

$$
\begin{array}{r}
1.59 \\
+\ 3.8 \\
\hline
5.39
\end{array}
$$

B 가로셈

$0.4+3.65=4.05$

$$
\begin{array}{r}
0.4 \\
+\ 3.65 \\
\hline
4.05
\end{array}
$$

①
```
    1 . 0 0
 +  2 . 5 3
 ─────────
    3 . 5 3
```
자연수는 맨 끝에
소수점이 있다고 생각하세요.

②
```
    2
 +  8 . 5 1
```

③
```
    5 . 4 8
 +  5 . 8
```

④
```
    6 . 5
 +  3 . 7 6
```

⑤
```
    3 . 4
 +  0 . 8 2
```

⑥
```
    4 . 9
 +  8 . 2 5
```

⑦
```
   3 2 . 9 4
 +    1 . 7
```

⑧
```
      5 . 0 8
 +  1 5 . 9
```

⑨
```
   7 6 . 4
 +    8 . 8 9
```

⑩
```
      4 . 8
 +  3 0 . 5 2
```

⑪
```
   2 . 4 0 7
 + 4 . 8
```

⑫
```
   5 . 7
 + 6 . 4 3 6
```

⑬
```
   1 . 6 0 8
 + 1 . 4 4
```

⑭
```
   4 . 6 9 5
 + 0 . 9 7
```

⑮
```
   7 . 8 3 6
 + 3 . 9 4
```

⑯
```
   5 . 4 8
 + 0 . 8 2 9
```

⑰
```
   6 . 7 6
 + 2 . 6 0 4
```

⑱
```
   9 . 3 7
 + 2 . 4 9 3
```

자릿수가 다른 소수의 덧셈

① 4.8 + 7.25 = 12.05

$$
\begin{array}{ccccc}
 & & 1 & & \\
 & & 4 & . & 8 & \\
+ & & 7 & . & 2 & 5 \\
\hline
 & 1 & 2 & . & 0 & 5 \\
\end{array}
$$

소수점을 기준으로
각 자리의 숫자를 맞춰 써요.

② 6.74 + 3 =

③ 8.6 + 0.57 =

④ 4.5 + 8.87 =

⑤ 33.56 + 5.6 =

⑥ 94.7 + 6.84 =

⑦ 2.947 + 8.2 =

⑧ 5.8 + 3.402 =

⑨ 7.852 + 2.48 =

⑩ 3.484 + 9.09 =

⑪ 4.68 + 3.196 =

⑫ 8.65 + 0.574 =

①
```
      4. 0 0
  +   5. 4 8
      9. 4 8
```
자연수는 맨 끝에
소수점이 있다고 생각하세요.

②
```
      5
  +   5. 4 7
```

③
```
      4. 5 4
  +   6. 8
```

④
```
      0. 9
  +   0. 4 6
```

⑤
```
      3. 5
  +   0. 6 5
```

⑥
```
      8. 5
  +   2. 4 8
```

⑦
```
    1 5. 2 4
  +    4. 6
```

⑧
```
      7. 3 6
  + 4 1. 8
```

⑨
```
    5 6. 8
  +    7. 9 3
```

⑩
```
      8. 7
  + 3 4. 0 6
```

⑪
```
    9. 0 0 7
  + 6. 3
```

⑫
```
      2. 9
  +   4. 5 6 1
```

⑬
```
    2. 3 1 2
  + 6. 5 1
```

⑭
```
    3. 0 4 7
  + 1. 9 6
```

⑮
```
    5. 6 4 5
  + 5. 8 8
```

⑯
```
    4. 3 6
  + 2. 5 4 8
```

⑰
```
    0. 2 9
  + 7. 9 2 4
```

⑱
```
    7. 8 1
  + 6. 4 8 3
```

자릿수가 다른 소수의 덧셈

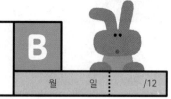

① 2.48+8.6=11.08

```
      1
    2 . 4 8
+     8 . 6  ⍥
    1 1 . 0 8
```
소수점을 기준으로
각 자리의 숫자를 맞춰 써요.

⑤ 2.96+23.5=

⑨ 2.287+6.09=

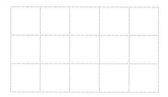

② 6.24+9.5=

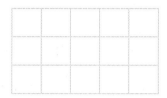

⑥ 5.4+18.82=

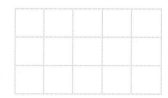

⑩ 1.993+7.27=

③ 4.8+0.27=

⑦ 3.184+2.9=

⑪ 0.75+3.756=

④ 7+5.84=

⑧ 6.4+7.738=

⑫ 8.45+4.896=

①
```
    5.0 2
+   4.0 0
─────────
    9.0 2
```
자연수는 맨 끝에
소수점이 있다고 생각하세요.

②
```
    9
+   1.9 2
─────────
```

③
```
    8.5 4
+   8.7
─────────
```

④
```
    9.3
+   0.4 2
─────────
```

⑤
```
    2.5
+   2.8 7
─────────
```

⑥
```
    7.6
+   3.8 4
─────────
```

⑦
```
  3 4.7 3
+   6.6
─────────
```

⑧
```
    4.3 8
+ 2 9.5
─────────
```

⑨
```
  6 1.9
+   3.9 1
─────────
```

⑩
```
  1 8.4
+ 1 5.8 4
─────────
```

⑪
```
  3.6 7 2
+ 9.3
─────────
```

⑫
```
  0.7
+ 8.9 0 5
─────────
```

⑬
```
  4.3 2 6
+ 3.1 6
─────────
```

⑭
```
  1.3 2 8
+ 0.9 8
─────────
```

⑮
```
  4.7 9 3
+ 8.0 3
─────────
```

⑯
```
  2.8 1
+ 2.1 9 5
─────────
```

⑰
```
  5.5 6
+ 0.7 5 7
─────────
```

⑱
```
  3.5 8
+ 9.8 5 3
─────────
```

자릿수가 다른 소수의 덧셈

B

① 6.5+4.68=11.18

```
          1
        6 . 5   ○
   +    4 . 6   8
   ─────────────
      1 1 . 1   8
```
소수점을 기준으로
각 자리의 숫자를 맞춰 써요.

② 4.39+7.5=

③ 0.6+2.94=

④ 9+3.57=

⑤ 30.78+9.2=

⑥ 56.3+5.44=

⑦ 7.202+8.1=

⑧ 6.8+3.415=

⑨ 9.472+0.21=

⑩ 3.926+8.38=

⑪ 4.08+1.695=

⑫ 2.25+7.859=

①
```
    4 . 3 7
+   2 . 0 0
    6 . 3 7
```
자연수는 맨 끝에
소수점이 있다고 생각하세요.

②
```
    9 . 2 4
+       1
```

③
```
    6 . 4 3
+   7 . 9
```

④
```
    0 . 6
+   1 . 0 6
```

⑤
```
    5 . 3
+   8 . 2 8
```

⑥
```
    8 . 7
+   7 . 4 4
```

⑦
```
  6 3 . 0 5
+    2 . 4
```

⑧
```
  2 7 . 4 6
+ 2 3 . 5
```

⑨
```
  3 4 . 1
+    8 . 7 9
```

⑩
```
    0 . 9
+ 5 6 . 3 2
```

⑪
```
  4 . 5 7 8
+ 4 . 5
```

⑫
```
  9 . 6
+ 5 . 7 7 5
```

⑬
```
  0 . 6 1 1
+ 7 . 1 9
```

⑭
```
  5 . 8 5 7
+ 3 . 9 6
```

⑮
```
  4 . 7 0 6
+ 5 . 3 2
```

⑯
```
  0 . 9 7
+ 2 . 6 4 5
```

⑰
```
  6 . 3 8
+ 3 . 5 6 2
```

⑱
```
  7 . 3 4
+ 8 . 0 8 8
```

4 Day 자릿수가 다른 소수의 덧셈

B

월   일   /12

① 8.4+5.77=14.17

```
        1
      8 . 4 ⟨0⟩
  +   5 . 7 7
  1   4 . 1 7
```
소수점을 기준으로
각 자리의 숫자를 맞춰 써요.

② 5.53+8.6=

③ 4+8.01=

④ 7.5+5.52=

⑤ 4.07+45.8=

⑥ 21.4+54.75=

⑦ 2.528+9.9=

⑧ 3.7+2.303=

⑨ 1.217+1.52=

⑩ 2.745+9.28=

⑪ 8.55+0.456=

⑫ 5.64+6.793=

자릿수가 다른 소수의 덧셈

①
```
    9 . 0  0
+   0 . 4  7
    9 . 4  7
```
자연수는 맨 끝에
소수점이 있다고 생각하세요.

②
```
      4
+   9 . 9  9
```

③
```
    3 . 8  3
+   5 . 9
```

④
```
    1 . 2
+   5 . 7  8
```

⑤
```
    9 . 3
+   7 . 0  6
```

⑥
```
    3 . 6
+   6 . 7  4
```

⑦
```
    2 1 . 6  3
+      3 . 7
```

⑧
```
       9 . 2  2
+   4 2 . 3
```

⑨
```
    4 8 . 6
+      5 . 9  7
```

⑩
```
       6 . 8
+   7 8 . 7  8
```

⑪
```
    1 . 7  4  9
+   3 . 3
```

⑫
```
    5 . 7
+   8 . 7  1  4
```

⑬
```
    2 . 5  8  3
+   1 . 0  4
```

⑭
```
    3 . 5  2  6
+   6 . 7  3
```

⑮
```
    9 . 8  4
+   8 . 5  6  7
```

⑯
```
    1 . 3  9
+   1 . 6  1  4
```

⑰
```
    4 . 1  8
+   9 . 6  9  2
```

⑱
```
    6 . 8  9
+   6 . 5  3  4
```

① 5.09 + 6.4 = 11.49

```
        5 . 0 9
   +    6 . 4
   1  1 . 4 9
```

소수점을 기준으로
각 자리의 숫자를 맞춰 써요.

⑤ 53.18 + 8.3 =

⑨ 0.548 + 4.62 =

② 5.86 + 7.7 =

⑥ 98.8 + 6.79 =

⑩ 6.685 + 9.57 =

③ 4 + 8.35 =

⑦ 8.822 + 8.8 =

⑪ 2.26 + 3.599 =

④ 5.7 + 9.69 =

⑧ 3.6 + 7.491 =

⑫ 8.74 + 2.806 =

79 단계

자릿수가 다른
소수의 뺄셈

▶ 학습계획 : 매일 공부할 날짜를 정하고, 계획에 맞게 공부하세요.

일차	1일차	2일차	3일차	4일차	5일차
날짜	/	/	/	/	/

▶ 학습연계 : 지금 무엇을 배우는지 확인하고, 이전에 배운 단계와 앞으로 배울 단계를 살펴보세요.

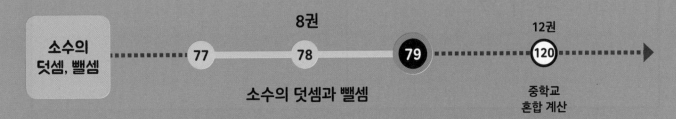

이렇게 계산해요!

79 자릿수가 다른 소수의 뺄셈

소수의 뺄셈도 항상 소수점을 기준으로 **계산해요.**

소수점 아래 자릿수가 다른 소수의 뺄셈도 78단계에서와 같이 소수점을 기준으로 각 자리의 숫자를 맞춰 쓴 후 계산해요. 소수점 아래 자릿수가 짧은 소수의 소수점 아래 끝에 0을 써서 계산해요.

(소수 두 자리 수)−(소수 한 자리 수)

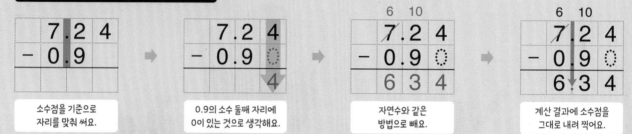

소수점을 기준으로 자리를 맞춰 써요.	0.9의 소수 둘째 자리에 0이 있는 것으로 생각해요.	자연수와 같은 방법으로 빼요.	계산 결과에 소수점을 그대로 내려 찍어요.

(소수 한 자리 수)−(소수 두 자리 수)

소수점을 기준으로 자리를 맞춰 써요.	4.6의 소수 둘째 자리에 0이 있는 것으로 생각해요.	자연수와 같은 방법으로 빼요.	계산 결과에 소수점을 그대로 내려 찍어요.

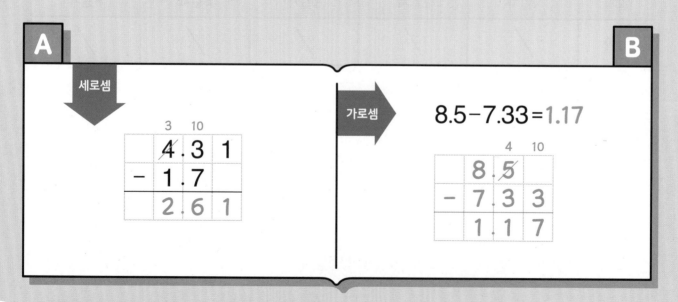

A 세로셈

B 가로셈   8.5−7.33=1.17

①
```
    3 . 7 8
  - 1 . 6 ○
  ─────────
    2 . 1 8
```
소수점을 기준으로
각 자리의 숫자를 맞춰 써요.

②
```
    2 . 3 7
  - 0 . 5
  ─────────
```

③
```
    8 . 4
  - 1 . 2 1
  ─────────
```

④
```
    9 . 5
  - 6 . 9 6
  ─────────
```

⑤
```
  1 3 . 7 4
  -   9 . 2
  ─────────
```

⑥
```
  5 4 . 8
  -   8 . 2 3
  ─────────
```

⑦
```
    2 . 7 0 4
  - 1 . 8
  ───────────
```

⑧
```
    6 . 5
  - 2 . 1 7 1
  ───────────
```

⑨
```
  1 2 . 8
  -     6
  ─────────
```

⑩
```
  3 3
  -   7 . 9
  ─────────
```

⑪
```
  2 8
  - 1 6 . 9 7
  ───────────
```

⑫
```
  9
  - 4 . 1 3 5
  ───────────
```

⑬
```
  1 . 5 6 9
  - 0 . 4 3
  ─────────
```

⑭
```
  5 . 2 8 2
  - 2 . 6 1
  ─────────
```

⑮
```
  8 . 3 0 4
  - 2 . 3 2
  ─────────
```

⑯
```
  0 . 6 5
  - 0 . 2 4 1
  ───────────
```

⑰
```
  4 . 0 5
  - 2 . 5 2 8
  ───────────
```

⑱
```
  7 . 5 2
  - 3 . 6 7 6
  ───────────
```

1
Day

자릿수가 다른 소수의 뺄셈

B

① 5.47-3.8=1.67

```
        4  10
     5 . 4  7
 -   3 . 8  ⌒
     1 . 6  7
```

소수점을 기준으로
각 자리의 숫자를 맞춰 써요.

② 3.4-0.95=

③ 16.99-7.7=

④ 85.6-37.42=

⑤ 6.281-2.5=

⑥ 4.4-1.936=

⑦ 9-4.83=

⑧ 7-1.249=

⑨ 8.194-3.17=

⑩ 6.428-4.33=

⑪ 9.67-5.436=

⑫ 2.04-0.734=

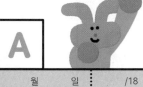
①
```
    4 . 8 5
  - 4 . 2 ◯
    0 . 6 5
```
소수점을 기준으로
각 자리의 숫자를 맞춰 써요.

⑦
```
    4 . 2 8 4
  - 0 . 4
```

⑬
```
    6 . 9 5 2
  - 4 . 8 3
```

②
```
    7 . 1 4
  - 2 . 8
```

⑧
```
    9 . 4
  - 1 . 7 3 8
```

⑭
```
    2 . 6 2 3
  - 1 . 7 2
```

③
```
    9 . 6
  - 8 . 0 2
```

⑨
```
    7 6 . 9
  -   2 8
```

⑮
```
    7 . 0 4 8
  - 3 . 1 9
```

④
```
    3 . 5
  - 0 . 7 5
```

⑩
```
    3 8
  - 2 9 . 4
```

⑯
```
    1 . 9 8
  - 0 . 1 5 6
```

⑤
```
    1 0 . 1 8
  -    5 . 6
```

⑪
```
      7
  -   6 . 6 3
```

⑰
```
    5 . 3 9
  - 4 . 9 0 7
```

⑥
```
    7 3 . 9
  - 1 2 . 3 5
```

⑫
```
    3
  - 1 . 0 5 6
```

⑱
```
    9 . 5 8
  - 5 . 5 9 4
```

2 Day — 자릿수가 다른 소수의 뺄셈

B

① 9.28−1.9=7.38

```
        8  10
      9̶ . 2  8
  −   1 . 9  ◌
  ─────────────
      7 . 3  8
```
소수점을 기준으로
각 자리의 숫자를 맞춰 써요.

② 8.7−7.88=

③ 48.22−17.6=

④ 56.3−4.63=

⑤ 2.216−1.8=

⑥ 3.7−0.139=

⑦ 8.09−4=

⑧ 23−8.1=

⑨ 3.847−2.03=

⑩ 5.251−0.17=

⑪ 7.16−3.124=

⑫ 6.05−1.828=

①
```
    6 . 8 6
  - 0 . 3 ⊙
    6 . 5 6
```
소수점을 기준으로
각 자리의 숫자를 맞춰 써요.

②
```
    8 . 5 2
  - 4 . 7
```

③
```
    4 . 9
  - 4 . 5 9
```

④
```
    6 . 7
  - 2 . 8 3
```

⑤
```
  4 4 . 4 7
  -   2 . 5
```

⑥
```
  3 5 . 6
  -   9 . 3 1
```

⑦
```
    8 . 0 9 4
  - 7 . 3
```

⑧
```
    0 . 7
  - 0 . 5 4 2
```

⑨
```
  5 0 . 6
  -    9
```

⑩
```
  8 6
  -  6 . 8
```

⑪
```
  7 2
  -  1 . 5 4
```

⑫
```
  6
  - 3 . 4 7 9
```

⑬
```
    4 . 7 7 3
  - 4 . 4 9
```

⑭
```
    3 . 9 3 7
  - 2 . 8 4
```

⑮
```
    9 . 0 0 9
  - 6 . 7 3
```

⑯
```
    8 . 8 9
  - 3 . 7 2 5
```

⑰
```
    5 . 1 3
  - 4 . 4 8 1
```

⑱
```
    7 . 0 1
  - 2 . 6 3 8
```

3 Day

자릿수가 다른 소수의 뺄셈

B

① 2.5-0.89=1.61

```
        1  14  10
      2  5  ⦰
  -   0 . 8  9
      1 . 6  1
```

소수점을 기준으로
각 자리의 숫자를 맞춰 써요.

② 7.67-2.2=

③ 65.05-5.5=

④ 23.4-4.38=

⑤ 9.108-8.6=

⑥ 4.2-2.329=

⑦ 79-43.9=

⑧ 8-2.955=

⑨ 0.422-0.39=

⑩ 8.103-7.21=

⑪ 6.74-3.687=

⑫ 3.45-2.846=

①
```
    5 . 9 7
  - 2 . 5
    3 . 4 7
```
소수점을 기준으로
각 자리의 숫자를 맞춰 써요.

⑦
```
    2 . 5 5 2
  - 1 . 6
```

⑬
```
    9 . 6 8 7
  - 3 . 1 8
```

②
```
    7 . 7 5
  - 6 . 8
```

⑧
```
    4 . 2
  - 0 . 0 5 7
```

⑭
```
    6 . 6 0 4
  - 2 . 1 5
```

③
```
    0 . 8
  - 0 . 5 6
```

⑨
```
    5 7 . 3
  -     8
```

⑮
```
    2 . 4 7 3
  - 1 . 5 8
```

④
```
    4 . 5
  - 0 . 8 5
```

⑩
```
    7 5
  - 1 9 . 8
```

⑯
```
    5 . 4 8
  - 0 . 2 6 8
```

⑤
```
    5 2 . 0 4
  - 4 3 . 1
```

⑪
```
    8
  - 3 . 9 9
```

⑰
```
    3 . 7 5
  - 1 . 6 8 9
```

⑥
```
    2 3 . 4
  -   1 . 3 7
```

⑫
```
    7
  - 2 . 1 4 6
```

⑱
```
    4 . 5 6
  - 3 . 4 6 2
```

4 Day

자릿수가 다른 소수의 뺄셈

B

월   일   /12

① 9.9−3.67=6.23

```
      8  10
    9  9  ⃝
  − 3  6  7
    6  2  3
```
소수점을 기준으로
각 자리의 숫자를 맞춰 써요.

② 4.52−3.5=

③ 49.37−0.4=

④ 78.2−3.56=

⑤ 5.433−1.9=

⑥ 6.8−5.356=

⑦ 80−74.4=

⑧ 5−2.53=

⑨ 7.647−4.61=

⑩ 9.065−0.93=

⑪ 5.78−4.397=

⑫ 8.09−5.284=

①
```
    9 . 8 9
  -   3 . 4
    6 . 4 9
```
소수점을 기준으로
각 자리의 숫자를 맞춰 써요.

②
```
    8 . 2 7
  -   5 . 9
```

③
```
    5 . 4
  - 1 . 3 3
```

④
```
    9 . 6
  - 8 . 7 2
```

⑤
```
  8 9 . 1 3
  - 5 7 . 5
```

⑥
```
  4 8 . 4
  - 2 9 . 0 8
```

⑦
```
    7 . 6 1 2
  - 5 . 4
```

⑧
```
    6 . 5
  - 4 . 1 0 8
```

⑨
```
    8 . 4
  -   2
```

⑩
```
    5 8
  - 4 9 . 5
```

⑪
```
  9 4
  - 4 . 9 7
```

⑫
```
  5
  - 0 . 7 2 9
```

⑬
```
    6 . 4 2 2
  - 5 . 2 1
```

⑭
```
    8 . 3 4 3
  - 0 . 6 5
```

⑮
```
    3 . 5 0 6
  - 1 . 5 7
```

⑯
```
    7 . 7 8
  - 5 . 2 7 4
```

⑰
```
    6 . 0 4
  - 3 . 6 2 5
```

⑱
```
    5 . 3 8
  - 3 . 9 8 8
```

자릿수가 다른 소수의 뺄셈

① 6.39 − 1.5 = 4.89

```
          5  10
      6 . 3  9
  −   1 . 5  ⓪
      4 . 8  9
```
소수점을 기준으로
각 자리의 숫자를 맞춰 써요.

⑤ 8.064 − 4.8 =

⑨ 4.531 − 1.06 =

② 0.7 − 0.62 =

⑥ 9.3 − 8.776 =

⑩ 6.292 − 2.73 =

③ 59.13 − 4.6 =

⑦ 10 − 4.36 =

⑪ 5.52 − 0.472 =

④ 92.6 − 4.54 =

⑧ 2 − 0.099 =

⑫ 9.11 − 7.805 =

4학년 방정식

□가 있는 식에 분수나 소수가 있다고 해서 □를 구하는 방법이 달라지지 않아요. 2학년에서처럼 덧셈과 뺄셈의 관계를 이용하거나 3학년에서 공부했던 대로 곱셈과 나눗셈의 관계를 이용하여 식을 바꾸면 □를 쉽게 구할 수 있죠.

분수나 소수가 있는 덧셈식이나 뺄셈식을 이리저리 바꾸면서 □를 구하는 연습을 하세요.

일차	학습 내용		날짜
1일차	□가 있는 분수 덧셈식	$\frac{2}{7} + \square = \frac{6}{7}$에서 □ = ?	/
2일차	□가 있는 소수 덧셈식	□ + 1.3 = 5.4에서 □ = ?	/
3일차	□가 있는 분수 뺄셈식	$\frac{3}{5} - \square = \frac{1}{5}$에서 □ = ?	/
4일차	□가 있는 소수 뺄셈식	□ − 3.2 = 5.8에서 □ = ?	/
5일차	□가 있는 분수, 소수 덧셈·뺄셈식의 활용		/

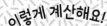

80 4학년 방정식

분수, 소수에서도 통하는 덧셈과 뺄셈의 관계

덧셈식 또는 뺄셈식에서 □를 구하려면 덧셈과 뺄셈의 관계를 이용해야 해요.
이때 분수 또는 소수가 있는 식도 마찬가지로 덧셈과 뺄셈의 관계를 이용할 수 있어요.
수직선을 이용하여 나타내면 식을 쉽게 바꿀 수 있습니다.

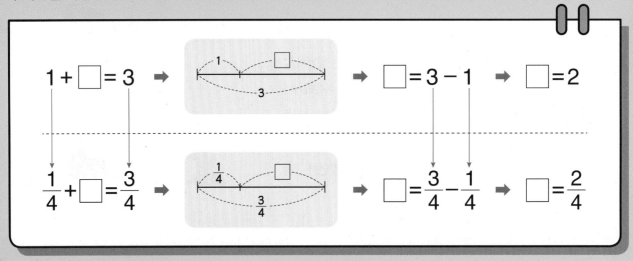

$1 + \square = 3$ ➡ ➡ $\square = 3 - 1$ ➡ $\square = 2$

$\dfrac{1}{4} + \square = \dfrac{3}{4}$ ➡ ➡ $\square = \dfrac{3}{4} - \dfrac{1}{4}$ ➡ $\square = \dfrac{2}{4}$

$\dfrac{5}{7} - \square = \dfrac{2}{7}$ ➡ ➡ $\square = \dfrac{5}{7} - \dfrac{2}{7}$ ➡ $\square = \dfrac{3}{7}$

$\square + 0.4 = 1.2$ ➡ ➡ $\square = 1.2 - 0.4$ ➡ $\square = 0.8$

$\square - 2.6 = 3.5$ ➡ ➡ $\square = 3.5 + 2.6$ ➡ $\square = 6.1$

① $\dfrac{2}{7} + \square = \dfrac{6}{7}$ ➡ $\square = $ ___ $\dfrac{6}{7} - \dfrac{2}{7}$ ___   ➡ $\square = $ ___ $\dfrac{4}{7}$ ___

$\dfrac{2}{7}$ $\square$

$\dfrac{6}{7}$

② $\dfrac{5}{8} + \square = 4\dfrac{2}{8}$ ➡ $\square = $ _____   ➡ $\square = $ _____

③ $\square + 2\dfrac{4}{9} = 7\dfrac{6}{9}$ ➡ $\square = $ _____   ➡ $\square = $ _____

④ $1\dfrac{5}{11} + \square = 4\dfrac{3}{11}$ ➡ $\square = $ _____   ➡ $\square = $ _____

⑤ $\square + 2\dfrac{2}{6} = 5\dfrac{2}{6}$ ➡ $\square = $ _____   ➡ $\square = $ _____

① $\dfrac{4}{9} + \square = \dfrac{8}{9}$ $\square = \dfrac{8}{9} - \dfrac{4}{9}$

➡ $\square =$ _____

② $3\dfrac{4}{5} + \square = 5\dfrac{1}{5}$

➡ $\square =$ _____

③ $\square + 6\dfrac{4}{6} = 8\dfrac{5}{6}$

➡ $\square =$ _____

④ $\square + 4\dfrac{5}{10} = 7\dfrac{7}{10}$

➡ $\square =$ _____

⑤ $3\dfrac{8}{9} + \square = 9\dfrac{5}{9}$

➡ $\square =$ _____

⑥ $\square + \dfrac{8}{11} = 3\dfrac{2}{11}$

➡ $\square =$ _____

⑦ $\square + 2\dfrac{5}{8} = 3\dfrac{2}{8}$

➡ $\square =$ _____

⑧ $\square + 6\dfrac{4}{5} = 10\dfrac{1}{5}$

➡ $\square =$ _____

⑨ $6\dfrac{2}{7} + \square = 7$

➡ $\square =$ _____

⑩ $8\dfrac{4}{15} + \square = 9\dfrac{2}{15}$

➡ $\square =$ _____

① $\square + 1.3 = 5.4$ ➡ $\square =$ ___5.4 − 1.3___ ➡ $\square =$ ___4.1___

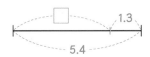

② $1.68 + \square = 3.75$ ➡ $\square =$ _____ ➡ $\square =$ _____

③ $\square + 5.6 = 7.28$ ➡ $\square =$ _____ ➡ $\square =$ _____

④ $2.24 + \square = 3$ ➡ $\square =$ _____ ➡ $\square =$ _____

⑤ $\square + 1.84 = 4.6$ ➡ $\square =$ _____ ➡ $\square =$ _____

① $\square + 3.6 = 5.2$ ⬜ $=5.2-3.6$

➡ $\square = $ _____

② $2.64 + \square = 6.8$

➡ $\square = $ _____

③ $\square + 2.68 = 4.05$

➡ $\square = $ _____

④ $\square + 1.88 = 5.12$

➡ $\square = $ _____

⑤ $7.26 + \square = 10.8$

➡ $\square = $ _____

⑥ $3.66 + \square = 9.4$

➡ $\square = $ _____

⑦ $\square + 10.8 = 12.34$

➡ $\square = $ _____

⑧ $3.76 + \square = 7.49$

➡ $\square = $ _____

⑨ $\square + 2.89 = 8.4$

➡ $\square = $ _____

⑩ $5.33 + \square = 12$

➡ $\square = $ _____

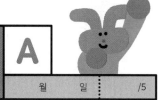

① $\dfrac{3}{5} - \square = \dfrac{1}{5}$ ➡ $\square = $ $\dfrac{\dfrac{3}{5} - \dfrac{1}{5}}{}$ ➡ $\square = $ $\dfrac{2}{5}$

② $3\dfrac{5}{8} - \square = \dfrac{7}{8}$ ➡ $\square = $ ➡ $\square = $

③ $\square - 4\dfrac{5}{9} = 2\dfrac{3}{9}$ ➡ $\square = $ ➡ $\square = $

④ $6\dfrac{4}{12} - \square = \dfrac{9}{12}$ ➡ $\square = $ ➡ $\square = $

⑤ $\square - \dfrac{8}{10} = 4\dfrac{3}{10}$ ➡ $\square = $ ➡ $\square = $

① $\square - \dfrac{4}{7} = 1\dfrac{2}{7}$ $\square = 1\dfrac{2}{7} + \dfrac{4}{7}$

➡ $\square =$ _____

⑥ $\square - 4\dfrac{5}{8} = 2\dfrac{4}{8}$

➡ $\square =$ _____

② $4\dfrac{5}{9} - \square = 1\dfrac{4}{9}$

➡ $\square =$ _____

⑦ $6\dfrac{1}{4} - \square = 4\dfrac{3}{4}$

➡ $\square =$ _____

③ $6\dfrac{5}{15} - \square = \dfrac{9}{15}$

➡ $\square =$ _____

⑧ $\square - 5\dfrac{3}{10} = 2\dfrac{8}{10}$

➡ $\square =$ _____

④ $\square - 3\dfrac{3}{5} = 8\dfrac{2}{5}$

➡ $\square =$ _____

⑨ $6\dfrac{5}{11} - \square = 3\dfrac{8}{11}$

➡ $\square =$ _____

⑤ $4\dfrac{5}{7} - \square = 2\dfrac{3}{7}$

➡ $\square =$ _____

⑩ $\square - 4\dfrac{8}{14} = 5\dfrac{7}{14}$

➡ $\square =$ _____

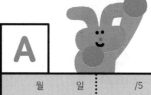

① $\square - 3.2 = 5.8$ ➡ $\square = \underline{\quad 5.8 + 3.2 \quad}$ ➡ $\square = \underline{\quad 9 \quad}$
또는 3.2 + 5.8

② $4.6 - \square = 3.28$ ➡ $\square = \underline{\hspace{4cm}}$ ➡ $\square = \underline{\hspace{1.5cm}}$

③ $\square - 2.43 = 6.26$ ➡ $\square = \underline{\hspace{4cm}}$ ➡ $\square = \underline{\hspace{1.5cm}}$

④ $7.32 - \square = 4.6$ ➡ $\square = \underline{\hspace{4cm}}$ ➡ $\square = \underline{\hspace{1.5cm}}$

⑤ $\square - 4.87 = 3.7$ ➡ $\square = \underline{\hspace{4cm}}$ ➡ $\square = \underline{\hspace{1.5cm}}$

① $6.24 - \square = 5.8$ $\square = 6.24 - 5.8$

➡ $\square = $ _____

② $\square - 6.4 = 2.64$

➡ $\square = $ _____

③ $11.2 - \square = 6.45$

➡ $\square = $ _____

④ $\square - 2.09 = 6.1$

➡ $\square = $ _____

⑤ $9.46 - \square = 3.17$

➡ $\square = $ _____

⑥ $\square - 7.24 = 8.4$

➡ $\square = $ _____

⑦ $17.23 - \square = 12.6$

➡ $\square = $ _____

⑧ $\square - 2.08 = 9.4$

➡ $\square = $ _____

⑨ $9.52 - \square = 4$

➡ $\square = $ _____

⑩ $\square - 2.44 = 3.68$

➡ $\square = $ _____

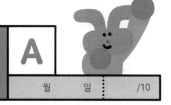

① $\dfrac{4}{9} + \square = 1\dfrac{2}{9}$

➡ $\square = $ _____

② $\square + 5\dfrac{2}{5} = 7\dfrac{4}{5}$

➡ $\square = $ _____

③ $\square - 3\dfrac{2}{8} = 4\dfrac{6}{8}$

➡ $\square = $ _____

④ $7\dfrac{6}{9} - \square = 4\dfrac{8}{9}$

➡ $\square = $ _____

⑤ $5 - \square = 1\dfrac{4}{7}$

➡ $\square = $ _____

⑥ $2.45 + \square = 3.17$

➡ $\square = $ _____

⑦ $\square + 7.4 = 10.23$

➡ $\square = $ _____

⑧ $\square - 3.78 = 8$

➡ $\square = $ _____

⑨ $6.21 - \square = 4.16$

➡ $\square = $ _____

⑩ $\square - 12.17 = 2.9$

➡ $\square = $ _____

① 찰흙이 $2\frac{1}{9}$ kg 있었는데, 지우가 미술 시간에 공룡을

만들었더니 $\frac{8}{9}$ kg이 남았습니다. 지우가 공룡을 만드는 데

<u>사용한 찰흙</u>은 몇 **kg**일까요?
  □

식 _____$2\frac{1}{9} - \square = \frac{8}{9}$_____

답 _____ kg

② 토리와 동생의 줄넘기 줄을 겹치는 부분 없이 한 줄로 이었더니
                    □
$5\frac{3}{9}$ m였습니다. 토리의 줄넘기 줄이 $2\frac{7}{9}$ m라면

동생의 줄넘기 줄은 몇 **m**일까요?

식 _____

답 _____ m

③ 주원이는 물병에 물 **1.2 L**를 담아 왔습니다.
  등산을 하면서 <u>물을 마셨더니</u> **0.45 L**가 남았습니다.
                        □
  주원이가 마신 물은 몇 **L**일까요?

식 _____

답 _____ L

8권 끝!
9권으로 넘어갈까요?

앗!

본책의 정답과 풀이를 분실하셨나요?
길벗스쿨 홈페이지에 들어오시면 내려받으실 수 있습니다.
https://school.gilbut.co.kr/

기적의 계산법

정답

초등 4학년

8권

정답

8권

엄마표 학습 생활기록부

71 단계

<학습기간>　　월　　일 ~ 　　월　　일

계획 준수	① 매우 잘함	② 잘함	③ 보통	④ 노력 요함
원리 이해	① 매우 잘함	② 잘함	③ 보통	④ 노력 요함
시간 단축	① 매우 잘함	② 잘함	③ 보통	④ 노력 요함
정확성	① 매우 잘함	② 잘함	③ 보통	④ 노력 요함

종합의견

72 단계

<학습기간>　　월　　일 ~ 　　월　　일

계획 준수	① 매우 잘함	② 잘함	③ 보통	④ 노력 요함
원리 이해	① 매우 잘함	② 잘함	③ 보통	④ 노력 요함
시간 단축	① 매우 잘함	② 잘함	③ 보통	④ 노력 요함
정확성	① 매우 잘함	② 잘함	③ 보통	④ 노력 요함

종합의견

73 단계

<학습기간>　　월　　일 ~ 　　월　　일

계획 준수	① 매우 잘함	② 잘함	③ 보통	④ 노력 요함
원리 이해	① 매우 잘함	② 잘함	③ 보통	④ 노력 요함
시간 단축	① 매우 잘함	② 잘함	③ 보통	④ 노력 요함
정확성	① 매우 잘함	② 잘함	③ 보통	④ 노력 요함

종합의견

74 단계

<학습기간>　　월　　일 ~ 　　월　　일

계획 준수	① 매우 잘함	② 잘함	③ 보통	④ 노력 요함
원리 이해	① 매우 잘함	② 잘함	③ 보통	④ 노력 요함
시간 단축	① 매우 잘함	② 잘함	③ 보통	④ 노력 요함
정확성	① 매우 잘함	② 잘함	③ 보통	④ 노력 요함

종합의견

75 단계

<학습기간>　　월　　일 ~ 　　월　　일

계획 준수	① 매우 잘함	② 잘함	③ 보통	④ 노력 요함
원리 이해	① 매우 잘함	② 잘함	③ 보통	④ 노력 요함
시간 단축	① 매우 잘함	② 잘함	③ 보통	④ 노력 요함
정확성	① 매우 잘함	② 잘함	③ 보통	④ 노력 요함

종합의견

76 단계						<학습기간> 월 일 ~ 월 일
계획 준수	① 매우 잘함	② 잘함	③ 보통	④ 노력 요함	종합의견	
원리 이해	① 매우 잘함	② 잘함	③ 보통	④ 노력 요함		
시간 단축	① 매우 잘함	② 잘함	③ 보통	④ 노력 요함		
정확성	① 매우 잘함	② 잘함	③ 보통	④ 노력 요함		

77 단계						<학습기간> 월 일 ~ 월 일
계획 준수	① 매우 잘함	② 잘함	③ 보통	④ 노력 요함	종합의견	
원리 이해	① 매우 잘함	② 잘함	③ 보통	④ 노력 요함		
시간 단축	① 매우 잘함	② 잘함	③ 보통	④ 노력 요함		
정확성	① 매우 잘함	② 잘함	③ 보통	④ 노력 요함		

78 단계						<학습기간> 월 일 ~ 월 일
계획 준수	① 매우 잘함	② 잘함	③ 보통	④ 노력 요함	종합의견	
원리 이해	① 매우 잘함	② 잘함	③ 보통	④ 노력 요함		
시간 단축	① 매우 잘함	② 잘함	③ 보통	④ 노력 요함		
정확성	① 매우 잘함	② 잘함	③ 보통	④ 노력 요함		

79 단계						<학습기간> 월 일 ~ 월 일
계획 준수	① 매우 잘함	② 잘함	③ 보통	④ 노력 요함	종합의견	
원리 이해	① 매우 잘함	② 잘함	③ 보통	④ 노력 요함		
시간 단축	① 매우 잘함	② 잘함	③ 보통	④ 노력 요함		
정확성	① 매우 잘함	② 잘함	③ 보통	④ 노력 요함		

80 단계						<학습기간> 월 일 ~ 월 일
계획 준수	① 매우 잘함	② 잘함	③ 보통	④ 노력 요함	종합의견	
원리 이해	① 매우 잘함	② 잘함	③ 보통	④ 노력 요함		
시간 단축	① 매우 잘함	② 잘함	③ 보통	④ 노력 요함		
정확성	① 매우 잘함	② 잘함	③ 보통	④ 노력 요함		

71 단계 대분수를 가분수로, 가분수를 대분수로 나타내기

지도가이드

가분수를 대분수로 고치는 과정은 분수의 덧셈, 뺄셈이나 계산 결과를 나타낼 때, 대분수를 가분수로 고치는 과정은 분수의 연산에서 매우 중요합니다. 두 과정을 잘 익혀서 분수의 연산에 활용할 수 있도록 지도해 주세요.

1 Day

11쪽 A

① $\dfrac{19}{6}$ ⑥ $\dfrac{28}{13}$ ⑪ $\dfrac{59}{8}$ ⑯ $\dfrac{25}{18}$

② $\dfrac{26}{7}$ ⑦ $\dfrac{26}{15}$ ⑫ $\dfrac{79}{9}$ ⑰ $\dfrac{32}{11}$

③ $\dfrac{12}{5}$ ⑧ 2 ⑬ $\dfrac{7}{4}$ ⑱ 30

④ $\dfrac{74}{9}$ ⑨ 4 ⑭ $\dfrac{41}{8}$ ⑲ 14

⑤ $\dfrac{21}{2}$ ⑩ 15 ⑮ $\dfrac{38}{3}$ ⑳ 63

12쪽 B

① $1\dfrac{2}{5}$ ⑥ $2\dfrac{1}{15}$ ⑪ $1\dfrac{1}{3}$ ⑯ $6\dfrac{11}{12}$

② $5\dfrac{1}{2}$ ⑦ $5\dfrac{4}{17}$ ⑫ $8\dfrac{3}{4}$ ⑰ $2\dfrac{8}{19}$

③ $7\dfrac{1}{3}$ ⑧ 3 ⑬ $7\dfrac{1}{9}$ ⑱ 9

④ $6\dfrac{1}{6}$ ⑨ 8 ⑭ $7\dfrac{1}{8}$ ⑲ 8

⑤ $2\dfrac{2}{11}$ ⑩ 25 ⑮ $6\dfrac{3}{10}$ ⑳ 11

2 Day

13쪽 A

① $\dfrac{17}{2}$ ⑥ $\dfrac{98}{15}$ ⑪ $\dfrac{11}{4}$ ⑯ $\dfrac{59}{14}$

② $\dfrac{28}{3}$ ⑦ $\dfrac{53}{20}$ ⑫ $\dfrac{41}{6}$ ⑰ $\dfrac{31}{16}$

③ $\dfrac{27}{5}$ ⑧ 12 ⑬ $\dfrac{30}{7}$ ⑱ 15

④ $\dfrac{48}{7}$ ⑨ 45 ⑭ $\dfrac{22}{3}$ ⑲ 36

⑤ $\dfrac{61}{6}$ ⑩ 32 ⑮ $\dfrac{64}{5}$ ⑳ 35

14쪽 B

① $1\dfrac{2}{7}$ ⑥ $3\dfrac{1}{15}$ ⑪ $2\dfrac{3}{5}$ ⑯ $2\dfrac{1}{14}$

② $9\dfrac{7}{8}$ ⑦ $2\dfrac{5}{18}$ ⑫ $9\dfrac{5}{6}$ ⑰ $4\dfrac{16}{17}$

③ $8\dfrac{1}{3}$ ⑧ 1 ⑬ $4\dfrac{1}{4}$ ⑱ 6

④ $8\dfrac{1}{4}$ ⑨ 4 ⑭ $1\dfrac{7}{9}$ ⑲ 8

⑤ $4\dfrac{1}{13}$ ⑩ 12 ⑮ $3\dfrac{11}{12}$ ⑳ 3

3 Day

15쪽 A

① $\dfrac{44}{5}$ ⑥ $\dfrac{67}{12}$ ⑪ $\dfrac{23}{6}$ ⑯ $\dfrac{55}{17}$

② $\dfrac{31}{4}$ ⑦ $\dfrac{49}{18}$ ⑫ $\dfrac{23}{3}$ ⑰ $\dfrac{90}{19}$

③ $\dfrac{38}{9}$ ⑧ 21 ⑬ $\dfrac{43}{7}$ ⑱ 32

④ $\dfrac{52}{7}$ ⑨ 12 ⑭ $\dfrac{86}{9}$ ⑲ 20

⑤ $\dfrac{45}{4}$ ⑩ 16 ⑮ $\dfrac{83}{5}$ ⑳ 60

16쪽 B

① $1\dfrac{1}{8}$ ⑥ $4\dfrac{8}{19}$ ⑪ $1\dfrac{3}{5}$ ⑯ $2\dfrac{13}{15}$

② $4\dfrac{2}{3}$ ⑦ $7\dfrac{2}{13}$ ⑫ $6\dfrac{2}{7}$ ⑰ $3\dfrac{17}{20}$

③ $8\dfrac{3}{5}$ ⑧ 4 ⑬ $6\dfrac{3}{4}$ ⑱ 7

④ $2\dfrac{2}{9}$ ⑨ 6 ⑭ $9\dfrac{2}{3}$ ⑲ 9

⑤ $1\dfrac{5}{18}$ ⑩ 12 ⑮ $3\dfrac{3}{17}$ ⑳ 10

4 Day

17쪽 A

① $\dfrac{7}{3}$ ⑥ $\dfrac{37}{10}$ ⑪ $\dfrac{39}{7}$ ⑯ $\dfrac{65}{12}$

② $\dfrac{61}{8}$ ⑦ $\dfrac{88}{13}$ ⑫ $\dfrac{43}{9}$ ⑰ $\dfrac{71}{15}$

③ $\dfrac{31}{9}$ ⑧ 35 ⑬ $\dfrac{53}{6}$ ⑱ 6

④ $\dfrac{39}{4}$ ⑨ 72 ⑭ $\dfrac{29}{5}$ ⑲ 16

⑤ $\dfrac{100}{7}$ ⑩ 39 ⑮ $\dfrac{51}{4}$ ⑳ 20

18쪽 B

① $4\dfrac{1}{2}$ ⑥ $3\dfrac{7}{15}$ ⑪ $1\dfrac{1}{6}$ ⑯ $5\dfrac{7}{18}$

② $9\dfrac{1}{4}$ ⑦ $3\dfrac{5}{24}$ ⑫ $1\dfrac{5}{9}$ ⑰ $3\dfrac{3}{32}$

③ $1\dfrac{5}{7}$ ⑧ 2 ⑬ $9\dfrac{3}{7}$ ⑱ 5

④ $6\dfrac{5}{8}$ ⑨ 15 ⑭ $7\dfrac{1}{4}$ ⑲ 17

⑤ $5\dfrac{6}{11}$ ⑩ 7 ⑮ $3\dfrac{3}{14}$ ⑳ 5

5 Day

19쪽 A

① $\dfrac{20}{3}$ ⑥ $\dfrac{38}{11}$ ⑪ $\dfrac{82}{9}$ ⑯ $\dfrac{56}{25}$

② $\dfrac{17}{6}$ ⑦ $\dfrac{91}{19}$ ⑫ $\dfrac{69}{8}$ ⑰ $\dfrac{47}{12}$

③ $\dfrac{29}{4}$ ⑧ 18 ⑬ $\dfrac{52}{7}$ ⑱ 81

④ $\dfrac{47}{8}$ ⑨ 63 ⑭ $\dfrac{42}{5}$ ⑲ 12

⑤ $\dfrac{45}{2}$ ⑩ 55 ⑮ $\dfrac{121}{6}$ ⑳ 180

20쪽 B

① $1\dfrac{2}{3}$ ⑥ $4\dfrac{2}{13}$ ⑪ $1\dfrac{2}{7}$ ⑯ $3\dfrac{3}{25}$

② $7\dfrac{1}{2}$ ⑦ $3\dfrac{4}{27}$ ⑫ $5\dfrac{2}{3}$ ⑰ $2\dfrac{19}{29}$

③ $4\dfrac{5}{6}$ ⑧ 2 ⑬ $8\dfrac{7}{9}$ ⑱ 4

④ $8\dfrac{8}{9}$ ⑨ 16 ⑭ $7\dfrac{1}{5}$ ⑲ 12

⑤ $2\dfrac{11}{12}$ ⑩ 8 ⑮ $5\dfrac{8}{11}$ ⑳ 7

72
단계

분모가 같은 진분수의 덧셈과 뺄셈

자연수의 연산에서 분수의 연산으로 넘어가는 첫 단계입니다. 분모가 같은 분수의 덧셈과 뺄셈에서 가장 중요한 것은 분모는 계산하지 않고 그대로 쓴다는 것입니다. 아이가 분수의 연산 원리를 어려워하면 그림을 통해 이해한 후 연산 연습을 하도록 지도해 주세요.

지도가이드

1 Day

23쪽 A

① $\dfrac{2}{3}$ ⑥ $\dfrac{14}{18}$ ⑪ $\dfrac{3}{7}$ ⑯ $\dfrac{15}{25}$

② $\dfrac{4}{5}$ ⑦ $\dfrac{21}{22}$ ⑫ $\dfrac{2}{6}$ ⑰ $\dfrac{10}{14}$

③ $\dfrac{5}{8}$ ⑧ $\dfrac{20}{25}$ ⑬ $\dfrac{7}{9}$ ⑱ $\dfrac{24}{26}$

④ $\dfrac{9}{11}$ ⑨ $\dfrac{26}{29}$ ⑭ $\dfrac{9}{15}$ ⑲ $\dfrac{16}{20}$

⑤ $\dfrac{14}{15}$ ⑩ $\dfrac{30}{34}$ ⑮ $\dfrac{12}{22}$ ⑳ $\dfrac{22}{23}$

24쪽 B

① $\dfrac{1}{3}$ ⑥ $\dfrac{11}{14}$ ⑪ $\dfrac{1}{2}$ ⑯ $\dfrac{4}{5}$

② $\dfrac{1}{5}$ ⑦ $\dfrac{3}{15}$ ⑫ $\dfrac{1}{4}$ ⑰ $\dfrac{5}{8}$

③ $\dfrac{4}{6}$ ⑧ $\dfrac{3}{24}$ ⑬ $\dfrac{3}{8}$ ⑱ $\dfrac{13}{13}$ (=1)

④ $\dfrac{4}{10}$ ⑨ $\dfrac{8}{26}$ ⑭ $\dfrac{5}{11}$ ⑲ $\dfrac{9}{17}$

⑤ $\dfrac{3}{12}$ ⑩ $\dfrac{21}{33}$ ⑮ $\dfrac{3}{20}$ ⑳ $\dfrac{1}{30}$

2 Day

25쪽 A

① $\dfrac{3}{4}$ ⑥ $\dfrac{12}{18}$ ⑪ $\dfrac{5}{9}$ ⑯ $\dfrac{12}{25}$

② $\dfrac{5}{6}$ ⑦ $\dfrac{14}{23}$ ⑫ $\dfrac{4}{5}$ ⑰ $\dfrac{25}{32}$

③ $\dfrac{5}{8}$ ⑧ $\dfrac{18}{27}$ ⑬ $\dfrac{6}{7}$ ⑱ $\dfrac{17}{19}$

④ $\dfrac{6}{12}$ ⑨ $\dfrac{24}{30}$ ⑭ $\dfrac{9}{11}$ ⑲ $\dfrac{21}{29}$

⑤ $\dfrac{12}{15}$ ⑩ $\dfrac{22}{35}$ ⑮ $\dfrac{14}{16}$ ⑳ $\dfrac{27}{41}$

26쪽 B

① $\dfrac{2}{4}$ ⑥ $\dfrac{6}{16}$ ⑪ $\dfrac{1}{5}$ ⑯ $\dfrac{3}{4}$

② $\dfrac{4}{7}$ ⑦ $\dfrac{6}{21}$ ⑫ $\dfrac{5}{6}$ ⑰ $\dfrac{11}{11}$ (=1)

③ 0 ⑧ $\dfrac{12}{25}$ ⑬ $\dfrac{9}{14}$ ⑱ $\dfrac{13}{19}$

④ $\dfrac{5}{13}$ ⑨ $\dfrac{3}{28}$ ⑭ $\dfrac{8}{15}$ ⑲ $\dfrac{4}{27}$

⑤ $\dfrac{5}{17}$ ⑩ $\dfrac{4}{38}$ ⑮ $\dfrac{5}{18}$ ⑳ $\dfrac{3}{40}$

3 Day

27쪽 Ⓐ

① $\frac{3}{5}$	⑥ $\frac{12}{16}$	⑪ $\frac{6}{7}$	⑯ $\frac{23}{27}$
② $\frac{5}{7}$	⑦ $\frac{16}{19}$	⑫ $\frac{7}{8}$	⑰ $\frac{20}{30}$
③ $\frac{7}{9}$	⑧ $\frac{16}{21}$	⑬ $\frac{8}{9}$	⑱ $\frac{26}{29}$
④ $\frac{5}{11}$	⑨ $\frac{18}{24}$	⑭ $\frac{15}{17}$	⑲ $\frac{21}{24}$
⑤ $\frac{12}{13}$	⑩ $\frac{20}{28}$	⑮ $\frac{16}{20}$	⑳ $\frac{23}{36}$

28쪽 Ⓑ

① $\frac{3}{5}$	⑥ $\frac{9}{19}$	⑪ $\frac{1}{3}$	⑯ $\frac{9}{9}$ (=1)
② $\frac{2}{8}$	⑦ $\frac{14}{20}$	⑫ $\frac{3}{4}$	⑰ $\frac{7}{10}$
③ $\frac{3}{9}$	⑧ $\frac{6}{25}$	⑬ $\frac{4}{7}$	⑱ $\frac{4}{17}$
④ $\frac{2}{13}$	⑨ $\frac{2}{28}$	⑭ $\frac{2}{11}$	⑲ $\frac{7}{22}$
⑤ $\frac{2}{16}$	⑩ $\frac{14}{34}$	⑮ $\frac{9}{14}$	⑳ $\frac{28}{29}$

4 Day

29쪽 Ⓐ

① $\frac{5}{6}$	⑥ $\frac{12}{17}$	⑪ $\frac{4}{6}$	⑯ $\frac{23}{27}$
② $\frac{4}{7}$	⑦ $\frac{18}{20}$	⑫ $\frac{4}{8}$	⑰ $\frac{21}{24}$
③ $\frac{4}{9}$	⑧ $\frac{14}{24}$	⑬ $\frac{7}{9}$	⑱ $\frac{18}{19}$
④ $\frac{12}{14}$	⑨ $\frac{20}{27}$	⑭ $\frac{13}{15}$	⑲ $\frac{24}{31}$
⑤ $\frac{11}{16}$	⑩ $\frac{28}{33}$	⑮ $\frac{10}{22}$	⑳ $\frac{33}{55}$

30쪽 Ⓑ

① $\frac{1}{4}$	⑥ $\frac{4}{18}$	⑪ $\frac{1}{6}$	⑯ $\frac{2}{2}$ (=1)
② $\frac{3}{7}$	⑦ $\frac{10}{22}$	⑫ $\frac{5}{8}$	⑰ $\frac{5}{7}$
③ $\frac{5}{9}$	⑧ $\frac{6}{25}$	⑬ $\frac{1}{10}$	⑱ $\frac{9}{16}$
④ $\frac{2}{11}$	⑨ $\frac{3}{29}$	⑭ $\frac{10}{13}$	⑲ $\frac{11}{20}$
⑤ $\frac{10}{12}$	⑩ $\frac{22}{32}$	⑮ $\frac{11}{15}$	⑳ $\frac{5}{33}$

5 Day

31쪽 Ⓐ

① $\frac{2}{5}$	⑥ $\frac{12}{20}$	⑪ $\frac{2}{4}$	⑯ $\frac{14}{22}$
② $\frac{6}{7}$	⑦ $\frac{22}{25}$	⑫ $\frac{8}{9}$	⑰ $\frac{14}{21}$
③ $\frac{4}{8}$	⑧ $\frac{25}{29}$	⑬ $\frac{4}{5}$	⑱ $\frac{16}{17}$
④ $\frac{7}{11}$	⑨ $\frac{28}{31}$	⑭ $\frac{16}{25}$	⑲ $\frac{25}{39}$
⑤ $\frac{16}{17}$	⑩ $\frac{17}{37}$	⑮ $\frac{11}{19}$	⑳ $\frac{30}{44}$

32쪽 Ⓑ

① $\frac{2}{5}$	⑥ $\frac{9}{19}$	⑪ $\frac{3}{7}$	⑯ $\frac{2}{3}$
② $\frac{1}{6}$	⑦ $\frac{2}{22}$	⑫ $\frac{7}{9}$	⑰ $\frac{5}{7}$
③ $\frac{2}{8}$	⑧ $\frac{7}{24}$	⑬ $\frac{11}{12}$	⑱ $\frac{4}{12}$
④ $\frac{2}{14}$	⑨ $\frac{8}{26}$	⑭ $\frac{1}{13}$	⑲ $\frac{25}{25}$ (=1)
⑤ $\frac{12}{17}$	⑩ $\frac{4}{35}$	⑮ $\frac{7}{15}$	⑳ $\frac{13}{18}$

73 단계

분모가 같은 대분수의 덧셈과 뺄셈

대분수는 자연수와 진분수로 이루어진 분수입니다.

이 점을 아이가 잊지 않도록 다시 한 번 강조하면서 대분수의 덧셈과 뺄셈에서

자연수끼리, 분수끼리 계산하는 방법에 대한 이해도를 높여 주세요.

지도가이드

---

1 Day

35쪽 Ⓐ

① $5\frac{3}{5}$ ⑥ $6\frac{4}{9}$ ⑪ $5\frac{2}{4}$ ⑯ $3\frac{15}{16}$

② $5\frac{3}{6}$ ⑦ $9\frac{7}{8}$ ⑫ $7\frac{6}{7}$ ⑰ $8\frac{12}{14}$

③ $3\frac{5}{8}$ ⑧ $8\frac{8}{10}$ ⑬ $7\frac{9}{11}$ ⑱ $6\frac{15}{17}$

④ $9\frac{2}{3}$ ⑨ $12\frac{13}{15}$ ⑭ $9\frac{11}{12}$ ⑲ $8\frac{23}{24}$

⑤ $6\frac{3}{4}$ ⑩ $4\frac{15}{19}$ ⑮ $6\frac{11}{13}$ ⑳ $2\frac{27}{28}$

36쪽 Ⓑ

① $3\frac{2}{6}$ ⑥ 1 ⑪ $1\frac{1}{3}$ ⑯ $5\frac{3}{14}$

② $\frac{2}{4}$ ⑦ $2\frac{3}{10}$ ⑫ $3\frac{1}{5}$ ⑰ $2\frac{12}{17}$

③ $4\frac{2}{8}$ ⑧ $6\frac{3}{14}$ ⑬ $2\frac{4}{7}$ ⑱ $5\frac{11}{18}$

④ $1\frac{2}{6}$ ⑨ $2\frac{4}{20}$ ⑭ $\frac{6}{8}$ ⑲ 1

⑤ $4\frac{3}{9}$ ⑩ $3\frac{7}{19}$ ⑮ $1\frac{5}{13}$ ⑳ $5\frac{2}{15}$

---

2 Day

37쪽 Ⓐ

① $5\frac{6}{8}$ ⑥ $9\frac{5}{7}$ ⑪ $3\frac{3}{4}$ ⑯ $7\frac{15}{17}$

② $4\frac{2}{3}$ ⑦ $6\frac{8}{9}$ ⑫ $9\frac{5}{8}$ ⑰ $8\frac{12}{13}$

③ $6\frac{5}{6}$ ⑧ $8\frac{10}{12}$ ⑬ $4\frac{7}{10}$ ⑱ $7\frac{17}{19}$

④ $8\frac{3}{4}$ ⑨ $7\frac{22}{27}$ ⑭ $6\frac{12}{15}$ ⑲ $7\frac{22}{23}$

⑤ $9\frac{4}{5}$ ⑩ $12\frac{22}{33}$ ⑮ $6\frac{11}{12}$ ⑳ $8\frac{25}{26}$

38쪽 Ⓑ

① $4\frac{2}{7}$ ⑥ 6 ⑪ $1\frac{1}{4}$ ⑯ $2\frac{3}{15}$

② $3\frac{2}{4}$ ⑦ $3\frac{1}{8}$ ⑫ $1\frac{2}{6}$ ⑰ $4\frac{11}{14}$

③ $5\frac{3}{6}$ ⑧ $\frac{6}{9}$ ⑬ 0 ⑱ $2\frac{11}{17}$

④ $2\frac{1}{5}$ ⑨ $5\frac{3}{11}$ ⑭ $4\frac{3}{9}$ ⑲ $3\frac{1}{16}$

⑤ $\frac{2}{7}$ ⑩ $4\frac{5}{20}$ ⑮ $2\frac{3}{12}$ ⑳ $\frac{5}{19}$

---

3 Day

39쪽 A

① $6\frac{7}{9}$ ⑥ $8\frac{2}{10}$ ⑪ $6\frac{4}{5}$ ⑯ $15\frac{15}{22}$

② $2\frac{3}{4}$ ⑦ $9\frac{6}{8}$ ⑫ $10\frac{4}{6}$ ⑰ $4\frac{13}{14}$

③ $5\frac{6}{7}$ ⑧ $11\frac{5}{6}$ ⑬ $9\frac{9}{12}$ ⑱ $6\frac{14}{25}$

④ $8\frac{4}{5}$ ⑨ $15\frac{10}{15}$ ⑭ $13\frac{10}{19}$ ⑲ $7\frac{25}{27}$

⑤ $9\frac{5}{9}$ ⑩ $8\frac{12}{13}$ ⑮ $7\frac{13}{16}$ ⑳ $8\frac{29}{30}$

40쪽 B

① $5\frac{1}{6}$ ⑥ $4\frac{3}{8}$ ⑪ $2\frac{1}{5}$ ⑯ $3\frac{1}{20}$

② $5\frac{1}{9}$ ⑦ $\frac{2}{4}$ ⑫ $\frac{3}{8}$ ⑰ $7\frac{10}{16}$

③ $1\frac{2}{7}$ ⑧ $3\frac{2}{10}$ ⑬ $3\frac{4}{7}$ ⑱ $1\frac{14}{25}$

④ $3\frac{2}{9}$ ⑨ $2\frac{6}{17}$ ⑭ $4\frac{4}{9}$ ⑲ $2\frac{1}{19}$

⑤ 1 ⑩ $6\frac{8}{28}$ ⑮ $7\frac{2}{13}$ ⑳ $2\frac{7}{24}$

4 Day

41쪽 A

① $7\frac{2}{3}$ ⑥ $7\frac{3}{5}$ ⑪ $9\frac{2}{4}$ ⑯ $11\frac{20}{27}$

② $5\frac{5}{6}$ ⑦ $7\frac{7}{8}$ ⑫ $11\frac{4}{7}$ ⑰ $14\frac{13}{16}$

③ $9\frac{7}{9}$ ⑧ $12\frac{13}{14}$ ⑬ $7\frac{8}{13}$ ⑱ $10\frac{21}{26}$

④ $7\frac{5}{7}$ ⑨ $8\frac{20}{21}$ ⑭ $13\frac{13}{17}$ ⑲ $5\frac{24}{28}$

⑤ $7\frac{3}{4}$ ⑩ $10\frac{25}{26}$ ⑮ $8\frac{15}{18}$ ⑳ $11\frac{29}{35}$

42쪽 B

① $3\frac{1}{8}$ ⑥ $4\frac{1}{3}$ ⑪ 4 ⑯ $\frac{3}{22}$

② $3\frac{3}{5}$ ⑦ $3\frac{4}{7}$ ⑫ $3\frac{3}{6}$ ⑰ $1\frac{11}{14}$

③ $1\frac{1}{6}$ ⑧ $1\frac{9}{23}$ ⑬ $\frac{1}{4}$ ⑱ $4\frac{16}{26}$

④ $3\frac{2}{4}$ ⑨ $3\frac{12}{19}$ ⑭ $2\frac{1}{9}$ ⑲ $6\frac{4}{17}$

⑤ $1\frac{3}{9}$ ⑩ $5\frac{12}{30}$ ⑮ $2\frac{4}{16}$ ⑳ 0

5 Day

43쪽 A

① $9\frac{6}{7}$ ⑥ $9\frac{3}{4}$ ⑪ $7\frac{3}{6}$ ⑯ $10\frac{23}{27}$

② $7\frac{4}{5}$ ⑦ $8\frac{5}{9}$ ⑫ $15\frac{5}{9}$ ⑰ $5\frac{27}{28}$

③ $6\frac{4}{11}$ ⑧ $9\frac{21}{26}$ ⑬ $3\frac{12}{18}$ ⑱ $9\frac{27}{33}$

④ $7\frac{7}{8}$ ⑨ $11\frac{15}{17}$ ⑭ $12\frac{12}{23}$ ⑲ $7\frac{31}{36}$

⑤ $11\frac{5}{6}$ ⑩ $9\frac{20}{28}$ ⑮ $6\frac{18}{24}$ ⑳ $12\frac{33}{40}$

44쪽 B

① $2\frac{4}{8}$ ⑥ $1\frac{3}{5}$ ⑪ $4\frac{2}{5}$ ⑯ $4\frac{4}{27}$

② $6\frac{1}{7}$ ⑦ 4 ⑫ $1\frac{3}{7}$ ⑰ $4\frac{11}{16}$

③ $\frac{1}{4}$ ⑧ $5\frac{3}{18}$ ⑬ $5\frac{5}{8}$ ⑱ $1\frac{21}{24}$

④ $3\frac{2}{6}$ ⑨ $4\frac{3}{22}$ ⑭ $3\frac{4}{9}$ ⑲ $4\frac{6}{19}$

⑤ $3\frac{2}{9}$ ⑩ $1\frac{2}{23}$ ⑮ $1\frac{4}{11}$ ⑳ $5\frac{10}{25}$

74단계

분모가 같은 분수의 덧셈

분수의 덧셈 결과가 가분수이면 대분수로 나타냅니다. 또한 대분수의 덧셈에서 분수 부분의 합이 가분수이면 대분수로 나타내어 자연수 부분과 더합니다. 가분수를 대분수로 고치는 연습이 더 필요하면 71단계를 복습하도록 지도해 주세요.

1 Day

47쪽 Ⓐ

① $1\frac{1}{5}$
② $1\frac{2}{7}$
③ $1\frac{4}{8}$
④ $1\frac{1}{10}$
⑤ $1\frac{3}{11}$
⑥ $1\frac{2}{14}$
⑦ $1\frac{7}{13}$
⑧ $1\frac{6}{20}$
⑨ $1\frac{4}{19}$
⑩ $1\frac{7}{15}$
⑪ $1\frac{3}{5}$
⑫ $1\frac{1}{9}$
⑬ $1\frac{2}{4}$
⑭ 1
⑮ $1\frac{10}{15}$
⑯ $1\frac{3}{6}$
⑰ $1\frac{5}{10}$
⑱ $1\frac{9}{18}$
⑲ 1
⑳ $1\frac{4}{17}$

48쪽 Ⓑ

① $9\frac{1}{6}$
② 7
③ $6\frac{2}{9}$
④ $11\frac{2}{5}$
⑤ $11\frac{4}{7}$
⑥ $9\frac{5}{11}$
⑦ $11\frac{2}{13}$
⑧ $9\frac{10}{17}$
⑨ $12\frac{10}{20}$
⑩ $13\frac{10}{23}$
⑪ $4\frac{1}{4}$
⑫ 8
⑬ $5\frac{3}{14}$
⑭ $8\frac{1}{15}$
⑮ $7\frac{2}{17}$
⑯ $7\frac{1}{19}$
⑰ $8\frac{2}{16}$
⑱ $7\frac{3}{18}$
⑲ $5\frac{9}{12}$
⑳ $9\frac{7}{25}$

2 Day

49쪽 Ⓐ

① $1\frac{6}{9}$
② $1\frac{1}{4}$
③ $1\frac{2}{8}$
④ $1\frac{6}{11}$
⑤ $1\frac{2}{13}$
⑥ $1\frac{1}{14}$
⑦ $1\frac{4}{19}$
⑧ $1\frac{2}{24}$
⑨ $1\frac{4}{18}$
⑩ $1\frac{2}{22}$
⑪ $1\frac{2}{5}$
⑫ $1\frac{4}{7}$
⑬ $1\frac{3}{6}$
⑭ $1\frac{6}{10}$
⑮ $1\frac{7}{12}$
⑯ $1\frac{8}{17}$
⑰ $1\frac{13}{21}$
⑱ $1\frac{1}{25}$
⑲ $1\frac{7}{24}$
⑳ $1\frac{11}{31}$

50쪽 Ⓑ

① $6\frac{2}{5}$
② $7\frac{1}{9}$
③ $10\frac{4}{7}$
④ $13\frac{4}{8}$
⑤ $9\frac{5}{12}$
⑥ $12\frac{10}{16}$
⑦ $5\frac{1}{14}$
⑧ $12\frac{4}{22}$
⑨ $10\frac{9}{20}$
⑩ $9\frac{9}{23}$
⑪ $6\frac{1}{3}$
⑫ $8\frac{4}{7}$
⑬ $8\frac{2}{12}$
⑭ 7
⑮ $9\frac{2}{13}$
⑯ $9\frac{5}{15}$
⑰ $5\frac{3}{16}$
⑱ $5\frac{4}{18}$
⑲ $7\frac{8}{19}$
⑳ $7\frac{2}{27}$

3 Day

51쪽 A

① $1\frac{3}{8}$ ⑥ $1\frac{4}{13}$ ⑪ $1\frac{4}{6}$ ⑯ $1\frac{6}{15}$

② $1\frac{2}{5}$ ⑦ $1\frac{1}{19}$ ⑫ $1\frac{5}{8}$ ⑰ $1\frac{11}{17}$

③ $1\frac{4}{9}$ ⑧ $1\frac{1}{25}$ ⑬ 1 ⑱ $1\frac{11}{21}$

④ 1 ⑨ $1\frac{7}{13}$ ⑭ $1\frac{2}{9}$ ⑲ $1\frac{14}{26}$

⑤ $1\frac{2}{16}$ ⑩ $1\frac{4}{21}$ ⑮ $1\frac{3}{11}$ ⑳ $1\frac{5}{32}$

52쪽 B

① $9\frac{1}{9}$ ⑥ $7\frac{11}{19}$ ⑪ 9 ⑯ $11\frac{2}{26}$

② 6 ⑦ $9\frac{12}{20}$ ⑫ $12\frac{2}{9}$ ⑰ $10\frac{5}{18}$

③ $8\frac{2}{7}$ ⑧ $14\frac{12}{27}$ ⑬ $5\frac{1}{14}$ ⑱ 6

④ $10\frac{1}{5}$ ⑨ $11\frac{10}{24}$ ⑭ $15\frac{1}{15}$ ⑲ $7\frac{7}{24}$

⑤ 13 ⑩ $13\frac{8}{33}$ ⑮ $8\frac{3}{13}$ ⑳ $8\frac{5}{35}$

4 Day

53쪽 A

① $1\frac{5}{7}$ ⑥ $1\frac{2}{15}$ ⑪ $1\frac{2}{8}$ ⑯ $1\frac{8}{14}$

② $1\frac{1}{6}$ ⑦ $1\frac{3}{21}$ ⑫ $1\frac{2}{7}$ ⑰ $1\frac{11}{18}$

③ $1\frac{1}{9}$ ⑧ $1\frac{7}{29}$ ⑬ $1\frac{1}{5}$ ⑱ $1\frac{8}{24}$

④ $1\frac{1}{12}$ ⑨ 1 ⑭ $1\frac{1}{3}$ ⑲ $1\frac{12}{31}$

⑤ $1\frac{1}{14}$ ⑩ $1\frac{14}{17}$ ⑮ $1\frac{4}{12}$ ⑳ $1\frac{17}{27}$

54쪽 B

① $7\frac{7}{12}$ ⑥ $11\frac{5}{17}$ ⑪ $9\frac{3}{8}$ ⑯ 11

② $9\frac{4}{8}$ ⑦ $16\frac{6}{15}$ ⑫ $11\frac{4}{9}$ ⑰ $16\frac{5}{19}$

③ $10\frac{1}{7}$ ⑧ $14\frac{15}{22}$ ⑬ $5\frac{1}{12}$ ⑱ $14\frac{1}{23}$

④ $9\frac{6}{11}$ ⑨ $14\frac{2}{24}$ ⑭ $14\frac{2}{16}$ ⑲ $8\frac{7}{27}$

⑤ $10\frac{1}{13}$ ⑩ $14\frac{14}{36}$ ⑮ $7\frac{5}{14}$ ⑳ $13\frac{2}{39}$

5 Day

55쪽 A

① $1\frac{3}{9}$ ⑥ $1\frac{3}{14}$ ⑪ $1\frac{6}{8}$ ⑯ $1\frac{3}{17}$

② 1 ⑦ 1 ⑫ $1\frac{5}{9}$ ⑰ $1\frac{4}{27}$

③ $1\frac{3}{10}$ ⑧ $1\frac{6}{28}$ ⑬ $1\frac{2}{6}$ ⑱ $1\frac{16}{36}$

④ $1\frac{1}{15}$ ⑨ $1\frac{7}{31}$ ⑭ $1\frac{7}{12}$ ⑲ $1\frac{3}{22}$

⑤ $1\frac{4}{11}$ ⑩ $1\frac{5}{37}$ ⑮ $1\frac{6}{23}$ ⑳ $1\frac{9}{35}$

56쪽 B

① $9\frac{4}{7}$ ⑥ $12\frac{11}{23}$ ⑪ $7\frac{1}{5}$ ⑯ $12\frac{5}{22}$

② $8\frac{1}{9}$ ⑦ 12 ⑫ $19\frac{4}{8}$ ⑰ $8\frac{2}{26}$

③ $11\frac{1}{5}$ ⑧ $14\frac{3}{24}$ ⑬ $9\frac{3}{11}$ ⑱ $7\frac{4}{32}$

④ $9\frac{2}{17}$ ⑨ $10\frac{1}{29}$ ⑭ $13\frac{1}{14}$ ⑲ 6

⑤ $6\frac{7}{19}$ ⑩ $10\frac{6}{33}$ ⑮ $8\frac{2}{25}$ ⑳ $12\frac{5}{43}$

75 단계 분모가 같은 분수의 뺄셈

대분수의 뺄셈에서 분수 부분끼리 뺄 수 없는 경우 아이들의 실수가 가장 많습니다.
자연수 부분에서 1을 분수로 바꾸어 분수 부분을 가분수로 만든 다음 분수끼리의 뺄셈을
할 수 있어야 합니다. 먼저 분수끼리 뺄셈을 할 수 있는지부터 판단할 수 있도록 합니다.

지도가이드

1 Day

59쪽 Ⓐ

① $1\frac{2}{5}$ ⑥ $1\frac{3}{5}$ ⑪ $3\frac{7}{9}$ ⑯ $3\frac{3}{13}$
② $\frac{1}{2}$ ⑦ $2\frac{2}{7}$ ⑫ $2\frac{1}{3}$ ⑰ $2\frac{6}{15}$
③ $\frac{3}{7}$ ⑧ $2\frac{7}{10}$ ⑬ $3\frac{5}{7}$ ⑱ $1\frac{2}{14}$
④ $2\frac{7}{13}$ ⑨ $3\frac{9}{11}$ ⑭ $5\frac{4}{9}$ ⑲ $3\frac{2}{16}$
⑤ $1\frac{2}{3}$ ⑩ $3\frac{2}{15}$ ⑮ $3\frac{4}{12}$ ⑳ $6\frac{14}{20}$

60쪽 Ⓑ

① $1\frac{4}{6}$ ⑥ $1\frac{5}{7}$ ⑪ $2\frac{2}{4}$ ⑯ $3\frac{2}{6}$
② $\frac{4}{5}$ ⑦ $1\frac{7}{12}$ ⑫ $1\frac{5}{7}$ ⑰ $4\frac{5}{8}$
③ $1\frac{6}{8}$ ⑧ $2\frac{16}{18}$ ⑬ $5\frac{10}{14}$ ⑱ $1\frac{9}{11}$
④ $1\frac{6}{9}$ ⑨ $\frac{16}{23}$ ⑭ $5\frac{4}{16}$ ⑲ $2\frac{10}{12}$
⑤ $1\frac{2}{3}$ ⑩ $4\frac{23}{28}$ ⑮ $2\frac{13}{19}$ ⑳ $6\frac{13}{18}$

2 Day

61쪽 Ⓐ

① $3\frac{4}{9}$ ⑥ $1\frac{1}{2}$ ⑪ $1\frac{6}{8}$ ⑯ $1\frac{3}{11}$
② $\frac{1}{3}$ ⑦ $5\frac{1}{6}$ ⑫ $3\frac{1}{5}$ ⑰ $1\frac{13}{15}$
③ $\frac{1}{5}$ ⑧ $1\frac{6}{13}$ ⑬ $3\frac{2}{9}$ ⑱ $1\frac{9}{14}$
④ $1\frac{7}{8}$ ⑨ $2\frac{10}{16}$ ⑭ $\frac{7}{10}$ ⑲ $3\frac{8}{17}$
⑤ $1\frac{5}{7}$ ⑩ $1\frac{4}{18}$ ⑮ $1\frac{4}{12}$ ⑳ $\frac{16}{20}$

62쪽 Ⓑ

① $2\frac{2}{3}$ ⑥ $\frac{10}{17}$ ⑪ $3\frac{3}{5}$ ⑯ $3\frac{2}{3}$
② $4\frac{2}{5}$ ⑦ $3\frac{12}{21}$ ⑫ $\frac{3}{8}$ ⑰ $6\frac{2}{9}$
③ $\frac{7}{9}$ ⑧ $3\frac{17}{23}$ ⑬ $1\frac{10}{13}$ ⑱ $1\frac{14}{15}$
④ $4\frac{7}{11}$ ⑨ $\frac{8}{20}$ ⑭ $1\frac{4}{17}$ ⑲ $1\frac{8}{16}$
⑤ $1\frac{12}{14}$ ⑩ $2\frac{16}{19}$ ⑮ $4\frac{11}{15}$ ⑳ $5\frac{16}{17}$

3 Day

63쪽 Ⓐ

① $2\frac{4}{7}$　⑥ $2\frac{4}{6}$　⑪ $1\frac{2}{4}$　⑯ $1\frac{3}{12}$

② $\frac{3}{8}$　⑦ $\frac{1}{7}$　⑫ $4\frac{5}{6}$　⑰ $4\frac{8}{15}$

③ $\frac{7}{9}$　⑧ $2\frac{11}{14}$　⑬ $3\frac{2}{5}$　⑱ $1\frac{2}{19}$

④ $5\frac{3}{15}$　⑨ $2\frac{24}{28}$　⑭ $3\frac{2}{3}$　⑲ $\frac{2}{22}$

⑤ $2\frac{2}{5}$　⑩ $3\frac{14}{26}$　⑮ $1\frac{3}{9}$　⑳ $3\frac{6}{24}$

64쪽 Ⓑ

① $2\frac{6}{9}$　⑥ $1\frac{8}{13}$　⑪ $1\frac{6}{8}$　⑯ $2\frac{3}{4}$

② $1\frac{5}{7}$　⑦ $2\frac{9}{15}$　⑫ $3\frac{5}{9}$　⑰ $5\frac{3}{7}$

③ $2\frac{3}{8}$　⑧ $4\frac{13}{20}$　⑬ $\frac{10}{12}$　⑱ $6\frac{13}{14}$

④ $5\frac{3}{6}$　⑨ $1\frac{16}{17}$　⑭ $4\frac{11}{22}$　⑲ $\frac{8}{23}$

⑤ $1\frac{10}{12}$　⑩ $\frac{14}{22}$　⑮ $2\frac{23}{27}$　⑳ $1\frac{17}{29}$

4 Day

65쪽 Ⓐ

① $3\frac{1}{4}$　⑥ $1\frac{4}{6}$　⑪ $1\frac{1}{9}$　⑯ $\frac{8}{26}$

② $\frac{1}{7}$　⑦ $3\frac{3}{8}$　⑫ $3\frac{2}{6}$　⑰ $1\frac{7}{30}$

③ $\frac{2}{4}$　⑧ $5\frac{3}{11}$　⑬ $\frac{7}{12}$　⑱ $\frac{11}{19}$

④ $9\frac{7}{24}$　⑨ $1\frac{21}{24}$　⑭ $3\frac{9}{17}$　⑲ $1\frac{9}{14}$

⑤ $3\frac{6}{7}$　⑩ $2\frac{12}{27}$　⑮ $5\frac{9}{23}$　⑳ $4\frac{2}{15}$

66쪽 Ⓑ

① $2\frac{3}{6}$　⑥ $\frac{9}{15}$　⑪ $4\frac{4}{5}$　⑯ $3\frac{3}{7}$

② $3\frac{6}{8}$　⑦ $1\frac{15}{21}$　⑫ $\frac{4}{6}$　⑰ $\frac{5}{9}$

③ $1\frac{5}{7}$　⑧ $1\frac{9}{17}$　⑬ $2\frac{10}{11}$　⑱ $3\frac{16}{19}$

④ $4\frac{2}{4}$　⑨ $2\frac{24}{33}$　⑭ $1\frac{13}{24}$　⑲ $2\frac{9}{22}$

⑤ $3\frac{9}{13}$　⑩ $1\frac{19}{26}$　⑮ $2\frac{27}{28}$　⑳ $1\frac{19}{25}$

5 Day

67쪽 Ⓐ

① $9\frac{1}{3}$　⑥ $2\frac{5}{6}$　⑪ $2\frac{4}{8}$　⑯ $2\frac{5}{12}$

② $\frac{9}{10}$　⑦ $1\frac{5}{9}$　⑫ $4\frac{1}{2}$　⑰ $2\frac{15}{18}$

③ $\frac{1}{9}$　⑧ $1\frac{13}{17}$　⑬ $2\frac{5}{9}$　⑱ $2\frac{2}{16}$

④ $2\frac{5}{8}$　⑨ $4\frac{12}{23}$　⑭ $2\frac{3}{8}$　⑲ $3\frac{4}{21}$

⑤ $\frac{4}{7}$　⑩ $2\frac{6}{28}$　⑮ $2\frac{4}{7}$　⑳ $2\frac{6}{25}$

68쪽 Ⓑ

① $2\frac{3}{9}$　⑥ $2\frac{10}{13}$　⑪ $1\frac{3}{4}$　⑯ $3\frac{2}{5}$

② $3\frac{6}{7}$　⑦ $2\frac{16}{25}$　⑫ $2\frac{5}{8}$　⑰ $2\frac{5}{7}$

③ $3\frac{2}{6}$　⑧ $1\frac{17}{19}$　⑬ $1\frac{12}{14}$　⑱ $6\frac{16}{17}$

④ $3\frac{3}{8}$　⑨ $4\frac{21}{24}$　⑭ $\frac{4}{26}$　⑲ $1\frac{8}{29}$

⑤ $3\frac{8}{10}$　⑩ $\frac{27}{32}$　⑮ $2\frac{25}{30}$　⑳ $5\frac{28}{35}$

76 단계

분모가 같은 분수의 덧셈과 뺄셈 종합

분모가 같은 분수의 덧셈과 뺄셈을 종합하여 학습하는 마지막 단계입니다. 앞 단계에서 잘 학습하였다면 이 단계도 자신 있게 풀 수 있습니다. 앞으로 배울 9권에서는 분모가 다른 분수의 덧셈과 뺄셈도 공부하게 됩니다. 많은 연습을 통해 분수의 덧셈과 뺄셈에 자신감을 갖도록 지도해 주세요.

지도가이드

1 Day

71쪽 Ⓐ

① 1
② $\frac{3}{4}$
③ $1\frac{1}{7}$
④ $\frac{6}{8}$
⑤ $4\frac{7}{9}$
⑥ $4\frac{5}{10}$
⑦ $2\frac{8}{12}$
⑧ $8\frac{5}{6}$
⑨ 3
⑩ $3\frac{8}{13}$
⑪ $4\frac{7}{16}$
⑫ $6\frac{1}{2}$
⑬ $7\frac{3}{5}$
⑭ $3\frac{4}{6}$
⑮ $10\frac{7}{11}$
⑯ $3\frac{1}{14}$
⑰ $7\frac{3}{15}$
⑱ $6\frac{5}{16}$
⑲ $5\frac{14}{17}$
⑳ $6\frac{7}{19}$

72쪽 Ⓑ

① $\frac{1}{3}$
② $\frac{1}{5}$
③ $\frac{3}{6}$
④ $\frac{4}{7}$
⑤ $2\frac{4}{9}$
⑥ $\frac{3}{11}$
⑦ $3\frac{1}{2}$
⑧ $1\frac{3}{16}$
⑨ $3\frac{5}{7}$
⑩ $4\frac{17}{22}$
⑪ $3\frac{3}{4}$
⑫ $8\frac{6}{13}$
⑬ $\frac{17}{20}$
⑭ 4
⑮ $1\frac{2}{12}$
⑯ $2\frac{11}{15}$
⑰ $3\frac{12}{16}$
⑱ $2\frac{6}{17}$
⑲ $1\frac{15}{18}$
⑳ $\frac{3}{20}$

2 Day

73쪽 Ⓐ

① $\frac{3}{4}$
② $\frac{3}{5}$
③ $1\frac{3}{7}$
④ $1\frac{3}{9}$
⑤ $7\frac{5}{6}$
⑥ $5\frac{6}{8}$
⑦ $2\frac{12}{23}$
⑧ 5
⑨ $3\frac{4}{20}$
⑩ $4\frac{7}{21}$
⑪ $9\frac{2}{7}$
⑫ $9\frac{5}{10}$
⑬ $4\frac{1}{3}$
⑭ 6
⑮ $2\frac{9}{11}$
⑯ $6\frac{9}{14}$
⑰ $6\frac{7}{15}$
⑱ $14\frac{5}{16}$
⑲ $7\frac{4}{18}$
⑳ $8\frac{7}{19}$

74쪽 Ⓑ

① $\frac{1}{4}$
② $\frac{3}{5}$
③ $\frac{1}{6}$
④ $\frac{3}{9}$
⑤ $\frac{1}{8}$
⑥ $3\frac{2}{12}$
⑦ $3\frac{5}{13}$
⑧ $\frac{17}{20}$
⑨ $6\frac{3}{6}$
⑩ $2\frac{16}{18}$
⑪ $9\frac{4}{19}$
⑫ $5\frac{17}{21}$
⑬ $3\frac{19}{23}$
⑭ $5\frac{13}{26}$
⑮ $1\frac{5}{11}$
⑯ $3\frac{9}{13}$
⑰ $3\frac{7}{14}$
⑱ $1\frac{5}{15}$
⑲ $4\frac{2}{16}$
⑳ $1\frac{4}{17}$

3 Day

75쪽 Ⓐ

① $\frac{2}{3}$ ⑥ $8\frac{11}{16}$ ⑪ $4\frac{17}{30}$ ⑯ $5\frac{14}{15}$

② $\frac{4}{5}$ ⑦ $3\frac{7}{21}$ ⑫ $8\frac{19}{24}$ ⑰ $5\frac{2}{17}$

③ $1\frac{4}{12}$ ⑧ $3\frac{7}{8}$ ⑬ $17\frac{2}{4}$ ⑱ $7\frac{5}{18}$

④ $1\frac{8}{23}$ ⑨ $2\frac{1}{13}$ ⑭ $3\frac{1}{11}$ ⑲ $9\frac{13}{19}$

⑤ $5\frac{5}{6}$ ⑩ $4\frac{8}{22}$ ⑮ $3\frac{12}{14}$ ⑳ $7\frac{9}{25}$

76쪽 Ⓑ

① $\frac{2}{5}$ ⑥ $3\frac{9}{16}$ ⑪ $4\frac{8}{22}$ ⑯ $\frac{15}{18}$

② $\frac{2}{4}$ ⑦ $2\frac{3}{11}$ ⑫ $2\frac{16}{24}$ ⑰ $2\frac{10}{19}$

③ $\frac{4}{7}$ ⑧ $1\frac{8}{15}$ ⑬ $5\frac{19}{25}$ ⑱ $7\frac{8}{20}$

④ $\frac{2}{8}$ ⑨ $1\frac{10}{13}$ ⑭ $5\frac{8}{27}$ ⑲ $4\frac{20}{21}$

⑤ $1\frac{7}{9}$ ⑩ $6\frac{11}{24}$ ⑮ $3\frac{11}{17}$ ⑳ $1\frac{26}{30}$

4 Day

77쪽 Ⓐ

① $\frac{6}{8}$ ⑥ $7\frac{2}{4}$ ⑪ $6\frac{2}{3}$ ⑯ $5\frac{12}{15}$

② $\frac{5}{7}$ ⑦ $2\frac{8}{26}$ ⑫ $7\frac{4}{6}$ ⑰ $8\frac{7}{16}$

③ $1\frac{2}{10}$ ⑧ $3\frac{3}{9}$ ⑬ $10\frac{2}{5}$ ⑱ $5\frac{13}{17}$

④ $1\frac{4}{13}$ ⑨ $6\frac{3}{11}$ ⑭ $10\frac{4}{6}$ ⑲ $6\frac{4}{19}$

⑤ 2 ⑩ 5 ⑮ $2\frac{8}{9}$ ⑳ $7\frac{6}{27}$

78쪽 Ⓑ

① 0 ⑥ $1\frac{5}{14}$ ⑪ $5\frac{11}{21}$ ⑯ $2\frac{8}{18}$

② $\frac{1}{6}$ ⑦ $\frac{3}{13}$ ⑫ $10\frac{1}{22}$ ⑰ $3\frac{1}{19}$

③ $\frac{2}{5}$ ⑧ $2\frac{7}{15}$ ⑬ $7\frac{23}{27}$ ⑱ $1\frac{14}{20}$

④ $\frac{4}{8}$ ⑨ $1\frac{13}{16}$ ⑭ $8\frac{19}{28}$ ⑲ $2\frac{21}{23}$

⑤ $\frac{5}{7}$ ⑩ $3\frac{24}{27}$ ⑮ $1\frac{9}{17}$ ⑳ $5\frac{9}{25}$

5 Day

79쪽 Ⓐ

① $\frac{4}{5}$ ⑥ $2\frac{3}{13}$ ⑪ $9\frac{17}{30}$ ⑯ $3\frac{17}{18}$

② $\frac{4}{6}$ ⑦ $3\frac{3}{17}$ ⑫ $5\frac{4}{7}$ ⑰ $6\frac{11}{21}$

③ 1 ⑧ $7\frac{6}{9}$ ⑬ $5\frac{1}{3}$ ⑱ $7\frac{6}{23}$

④ $1\frac{3}{15}$ ⑨ $5\frac{1}{11}$ ⑭ 4 ⑲ 6

⑤ $2\frac{4}{8}$ ⑩ $7\frac{4}{19}$ ⑮ $7\frac{12}{16}$ ⑳ $5\frac{3}{35}$

80쪽 Ⓑ

① $\frac{1}{4}$ ⑥ $1\frac{3}{10}$ ⑪ 3 ⑯ $2\frac{5}{14}$

② $\frac{2}{9}$ ⑦ $2\frac{3}{9}$ ⑫ $2\frac{4}{21}$ ⑰ $\frac{13}{19}$

③ $\frac{2}{6}$ ⑧ $\frac{2}{11}$ ⑬ $4\frac{19}{23}$ ⑱ $3\frac{6}{20}$

④ $\frac{2}{7}$ ⑨ $7\frac{2}{4}$ ⑭ $1\frac{17}{25}$ ⑲ $5\frac{23}{27}$

⑤ $\frac{5}{8}$ ⑩ $4\frac{23}{24}$ ⑮ $2\frac{2}{12}$ ⑳ $5\frac{8}{29}$

77
단계

자릿수가 같은 소수의 덧셈과 뺄셈

소수는 분수의 다른 표현으로 $\frac{1}{10}$ = 0.1, $\frac{2}{10}$ = 0.2, $\frac{39}{100}$ = 0.39와 같이 나타냅니다.

이때 '.'을 소수점이라고 합니다. 소수의 덧셈, 뺄셈은 자연수의 덧셈, 뺄셈과 비슷하므로
소수점만 정확하게 찍으면 됩니다.

지도가이드

1 Day

83쪽 A

① 0.5　　⑦ 60.9　　⑬ 0.58
② 1.4　　⑧ 20.5　　⑭ 0.91
③ 1　　　⑨ 27.1　　⑮ 1.04
④ 2.7　　⑩ 34.5　　⑯ 5.69
⑤ 8.1　　⑪ 37.2　　⑰ 8.54
⑥ 14.7　⑫ 100　　⑱ 12.13

84쪽 B

① 0.3　　⑦ 42.4　　⑬ 0.21
② 0.4　　⑧ 46.8　　⑭ 0.64
③ 0.5　　⑨ 19.7　　⑮ 0.37
④ 1　　　⑩ 12.2　　⑯ 5.55
⑤ 1.9　　⑪ 20.7　　⑰ 6.76
⑥ 0.5　　⑫ 54.6　　⑱ 2.97

2 Day

85쪽 A

① 0.6　　⑦ 23.5　　⑬ 0.95
② 1.7　　⑧ 23.9　　⑭ 1.09
③ 1.2　　⑨ 105.3　⑮ 1.24
④ 8.1　　⑩ 53　　　⑯ 8.44
⑤ 2　　　⑪ 121.8　⑰ 8.42
⑥ 14.5　⑫ 50.1　　⑱ 15.52

86쪽 B

① 0.1　　⑦ 52.4　　⑬ 0.73
② 0.3　　⑧ 30.5　　⑭ 0.09
③ 0.8　　⑨ 8.9　　　⑮ 0.58
④ 0.6　　⑩ 24.3　　⑯ 3.18
⑤ 2.7　　⑪ 4.9　　　⑰ 5.93
⑥ 1.7　　⑫ 38.7　　⑱ 5.07

3 Day

87쪽 Ⓐ

① 0.2	⑦ 30	⑬ 0.41
② 1.1	⑧ 65	⑭ 0.84
③ 1.6	⑨ 52.1	⑮ 1.55
④ 7.8	⑩ 100.5	⑯ 10.12
⑤ 8.2	⑪ 132.3	⑰ 12.21
⑥ 12.3	⑫ 154.4	⑱ 13.6

88쪽 Ⓑ

① 0.2	⑦ 8.2	⑬ 0.42
② 0	⑧ 88.8	⑭ 0.5
③ 0.3	⑨ 38.9	⑮ 0.19
④ 0.5	⑩ 51.9	⑯ 2.09
⑤ 0.3	⑪ 12.8	⑰ 3.93
⑥ 2.8	⑫ 19.5	⑱ 0.39

4 Day

89쪽 Ⓐ

① 0.8	⑦ 24	⑬ 0.81
② 1.2	⑧ 43.5	⑭ 1.44
③ 1	⑨ 104.3	⑮ 1.85
④ 9.8	⑩ 50.3	⑯ 4.54
⑤ 2.1	⑪ 29	⑰ 13.32
⑥ 17	⑫ 154.4	⑱ 12.2

90쪽 Ⓑ

① 0.1	⑦ 55.3	⑬ 0.25
② 0.3	⑧ 16.9	⑭ 0.35
③ 0.4	⑨ 76.8	⑮ 0.07
④ 0.9	⑩ 29.8	⑯ 4.5
⑤ 0.5	⑪ 0.9	⑰ 3.06
⑥ 5.5	⑫ 39.9	⑱ 0.12

5 Day

91쪽 Ⓐ

① 0.7	⑦ 53.6	⑬ 0.87
② 1.3	⑧ 45	⑭ 1.04
③ 1.1	⑨ 56.1	⑮ 1.31
④ 10.1	⑩ 92.4	⑯ 6.2
⑤ 4	⑪ 92.2	⑰ 17.14
⑥ 15.3	⑫ 146.5	⑱ 12.41

92쪽 Ⓑ

① 0.3	⑦ 24.3	⑬ 0.33
② 0.7	⑧ 78.1	⑭ 0.19
③ 0.8	⑨ 59.3	⑮ 0.68
④ 1.9	⑩ 40.7	⑯ 1.45
⑤ 3	⑪ 58.7	⑰ 3.57
⑥ 1.8	⑫ 4.8	⑱ 0.87

자릿수가 다른 소수의 덧셈

단계

자릿수가 다른 소수의 덧셈은 소수점을 기준으로 같은 자리의 숫자끼리 줄을 맞추어 계산
해야 합니다. 이때 소수점 아래 자릿수가 긴 소수부터 쓰면 소수점 자리를 쉽게 찾을 수
있다는 것을 알려주세요.

지도가이드

1 Day

95쪽 A

① 3.53
② 10.51
③ 11.28
④ 10.26
⑤ 4.22
⑥ 13.15
⑦ 34.64
⑧ 20.98
⑨ 85.29
⑩ 35.32
⑪ 7.207
⑫ 12.136
⑬ 3.048
⑭ 5.665
⑮ 11.776
⑯ 6.309
⑰ 9.364
⑱ 11.863

96쪽 B

① 12.05
② 9.74
③ 9.17
④ 13.37
⑤ 39.16
⑥ 101.54
⑦ 11.147
⑧ 9.202
⑨ 10.332
⑩ 12.574
⑪ 7.876
⑫ 9.224

2 Day

97쪽 A

① 9.48
② 10.47
③ 11.34
④ 1.36
⑤ 4.15
⑥ 10.98
⑦ 19.84
⑧ 49.16
⑨ 64.73
⑩ 42.76
⑪ 15.307
⑫ 7.461
⑬ 8.822
⑭ 5.007
⑮ 11.525
⑯ 6.908
⑰ 8.214
⑱ 14.293

98쪽 B

① 11.08
② 15.74
③ 5.07
④ 12.84
⑤ 26.46
⑥ 24.22
⑦ 6.084
⑧ 14.138
⑨ 8.377
⑩ 9.263
⑪ 4.506
⑫ 13.346

3 Day

99쪽 Ⓐ

① 9.02
② 10.92
③ 17.24
④ 9.72
⑤ 5.37
⑥ 11.44
⑦ 41.33
⑧ 33.88
⑨ 65.81
⑩ 34.24
⑪ 12.972
⑫ 9.605
⑬ 7.486
⑭ 2.308
⑮ 12.823
⑯ 5.005
⑰ 6.317
⑱ 13.433

100쪽 Ⓑ

① 11.18
② 11.89
③ 3.54
④ 12.57
⑤ 39.98
⑥ 61.74
⑦ 15.302
⑧ 10.215
⑨ 9.682
⑩ 12.306
⑪ 5.775
⑫ 10.109

4 Day

101쪽 Ⓐ

① 6.37
② 10.24
③ 14.33
④ 1.66
⑤ 13.58
⑥ 16.14
⑦ 65.45
⑧ 50.96
⑨ 42.89
⑩ 57.22
⑪ 9.078
⑫ 15.375
⑬ 7.801
⑭ 9.817
⑮ 10.026
⑯ 3.615
⑰ 9.942
⑱ 15.428

102쪽 Ⓑ

① 14.17
② 14.13
③ 12.01
④ 13.02
⑤ 49.87
⑥ 76.15
⑦ 12.428
⑧ 6.003
⑨ 2.737
⑩ 12.025
⑪ 9.006
⑫ 12.433

5 Day

103쪽 Ⓐ

① 9.47
② 13.99
③ 9.73
④ 6.98
⑤ 16.36
⑥ 10.34
⑦ 25.33
⑧ 51.52
⑨ 54.57
⑩ 85.58
⑪ 5.049
⑫ 14.414
⑬ 3.623
⑭ 10.256
⑮ 18.407
⑯ 3.004
⑰ 13.872
⑱ 13.424

104쪽 Ⓑ

① 11.49
② 13.56
③ 12.35
④ 15.39
⑤ 61.48
⑥ 105.59
⑦ 17.622
⑧ 11.091
⑨ 5.168
⑩ 16.255
⑪ 5.859
⑫ 11.546

79 단계

자릿수가 다른 소수의 뺄셈

자릿수가 다른 소수의 뺄셈도 덧셈과 마찬가지로 소수점을 기준으로 같은 자리의 숫자끼리 줄을 잘 맞추어 계산하고 소수점만 정확하게 찍으면 어려움 없이 풀 수 있습니다.

1 Day

107쪽 Ⓐ

① 2.18
② 1.87
③ 7.19
④ 2.54
⑤ 4.54
⑥ 46.57
⑦ 0.904
⑧ 4.329
⑨ 6.8
⑩ 25.1
⑪ 11.03
⑫ 4.865
⑬ 1.139
⑭ 2.672
⑮ 5.984
⑯ 0.409
⑰ 1.522
⑱ 3.844

108쪽 Ⓑ

① 1.67
② 2.45
③ 9.29
④ 48.18
⑤ 3.781
⑥ 2.464
⑦ 4.17
⑧ 5.751
⑨ 5.024
⑩ 2.098
⑪ 4.234
⑫ 1.306

2 Day

109쪽 Ⓐ

① 0.65
② 4.34
③ 1.58
④ 2.75
⑤ 4.58
⑥ 61.55
⑦ 3.884
⑧ 7.662
⑨ 48.9
⑩ 8.6
⑪ 0.37
⑫ 1.944
⑬ 2.122
⑭ 0.903
⑮ 3.858
⑯ 1.824
⑰ 0.483
⑱ 3.986

110쪽 Ⓑ

① 7.38
② 0.82
③ 30.62
④ 51.67
⑤ 0.416
⑥ 3.561
⑦ 4.09
⑧ 14.9
⑨ 1.817
⑩ 5.081
⑪ 4.036
⑫ 4.222

3 Day

111쪽 Ⓐ

① 6.56	⑦ 0.794	⑬ 0.283
② 3.82	⑧ 0.158	⑭ 1.097
③ 0.31	⑨ 41.6	⑮ 2.279
④ 3.87	⑩ 79.2	⑯ 5.165
⑤ 41.97	⑪ 70.46	⑰ 0.649
⑥ 26.29	⑫ 2.521	⑱ 4.372

112쪽 Ⓑ

① 1.61	⑤ 0.508	⑨ 0.032
② 5.47	⑥ 1.871	⑩ 0.893
③ 59.55	⑦ 35.1	⑪ 3.053
④ 19.02	⑧ 5.045	⑫ 0.604

4 Day

113쪽 Ⓐ

① 3.47	⑦ 0.952	⑬ 6.507
② 0.95	⑧ 4.143	⑭ 4.454
③ 0.24	⑨ 49.3	⑮ 0.893
④ 3.65	⑩ 55.2	⑯ 5.212
⑤ 8.94	⑪ 4.01	⑰ 2.061
⑥ 22.03	⑫ 4.854	⑱ 1.098

114쪽 Ⓑ

① 6.23	⑤ 3.533	⑨ 3.037
② 1.02	⑥ 1.444	⑩ 8.135
③ 48.97	⑦ 5.6	⑪ 1.383
④ 74.64	⑧ 2.47	⑫ 2.806

5 Day

115쪽 Ⓐ

① 6.49	⑦ 2.212	⑬ 1.212
② 2.37	⑧ 2.392	⑭ 7.693
③ 4.07	⑨ 6.4	⑮ 1.936
④ 0.88	⑩ 8.5	⑯ 2.506
⑤ 31.63	⑪ 89.03	⑰ 2.415
⑥ 19.32	⑫ 4.271	⑱ 1.392

116쪽 Ⓑ

① 4.89	⑤ 3.264	⑨ 3.471
② 0.08	⑥ 0.524	⑩ 3.562
③ 54.53	⑦ 5.64	⑪ 5.048
④ 88.06	⑧ 1.901	⑫ 1.305

4학년 방정식

덧셈과 뺄셈의 관계는 자연수에서만 성립하는 것이 아니라 분수와 소수에서도 성립합니다. 따라서 아이가 지금까지 배운 자연수의 방정식과 연결하여 분수나 소수가 있는 덧셈, 뺄셈 방정식도 같은 방법으로 해결할 수 있도록 도와 주세요.

지도가이드

1 Day

119쪽 A

① $\frac{6}{7} - \frac{2}{7}, \frac{4}{7}$

② $4\frac{2}{8} - \frac{5}{8}, 3\frac{5}{8}$

③ $7\frac{6}{9} - 2\frac{4}{9}, 5\frac{2}{9}$

④ $4\frac{3}{11} - 1\frac{5}{11}, 2\frac{9}{11}$

⑤ $5\frac{2}{6} - 2\frac{2}{6}, 3$

120쪽 B

① $\frac{4}{9}$

② $1\frac{2}{5}$

③ $2\frac{1}{6}$

④ $3\frac{2}{10}$

⑤ $5\frac{6}{9}$

⑥ $2\frac{5}{11}$

⑦ $\frac{5}{8}$

⑧ $3\frac{2}{5}$

⑨ $\frac{5}{7}$

⑩ $\frac{13}{15}$

2 Day

121쪽 A

① 5.4−1.3, 4.1

② 3.75−1.68, 2.07

③ 7.28−5.6, 1.68

④ 3−2.24, 0.76

⑤ 4.6−1.84, 2.76

122쪽 B

① 1.6

② 4.16

③ 1.37

④ 3.24

⑤ 3.54

⑥ 5.74

⑦ 1.54

⑧ 3.73

⑨ 5.51

⑩ 6.67

123쪽 Ⓐ

① $\frac{3}{5} - \frac{1}{5}$, $\frac{2}{5}$

② $3\frac{5}{8} - \frac{7}{8}$, $2\frac{6}{8}$

③ $2\frac{3}{9} + 4\frac{5}{9}$ 또는 $4\frac{5}{9} + 2\frac{3}{9}$, $6\frac{8}{9}$

④ $6\frac{4}{12} - \frac{9}{12}$, $5\frac{7}{12}$

⑤ $4\frac{3}{10} + \frac{8}{10}$ 또는 $\frac{8}{10} + 4\frac{3}{10}$, $5\frac{1}{10}$

124쪽 Ⓑ

① $1\frac{6}{7}$

② $3\frac{1}{9}$

③ $5\frac{11}{15}$

④ 12

⑤ $2\frac{2}{7}$

⑥ $7\frac{1}{8}$

⑦ $1\frac{2}{4}$

⑧ $8\frac{1}{10}$

⑨ $2\frac{8}{11}$

⑩ $10\frac{1}{14}$

125쪽 Ⓐ

① 5.8+3.2 또는 3.2+5.8, 9

② 4.6−3.28, 1.32

③ 6.26+2.43 또는 2.43+6.26, 8.69

④ 7.32−4.6, 2.72

⑤ 3.7+4.87 또는 4.87+3.7, 8.57

126쪽 Ⓑ

① 0.44

② 9.04

③ 4.75

④ 8.19

⑤ 6.29

⑥ 15.64

⑦ 4.63

⑧ 11.48

⑨ 5.52

⑩ 6.12

127쪽 Ⓐ

① $\frac{7}{9}$

② $2\frac{2}{5}$

③ 8

④ $2\frac{7}{9}$

⑤ $3\frac{3}{7}$

⑥ 0.72

⑦ 2.83

⑧ 11.78

⑨ 2.05

⑩ 15.07

128쪽 Ⓑ

① 예 $2\frac{1}{9} - \square = \frac{8}{9}$, $1\frac{2}{9}$

② 예 $2\frac{7}{9} + \square = 5\frac{3}{9}$, $2\frac{5}{9}$

③ 예 $1.2 - \square = 0.45$, 0.75

수고하셨습니다.
다음 단계로 올라갈까요?

기적의
계산법

길벗스쿨